全球水电行业年度发展报告

2018

国家水电可持续发展研究中心 编

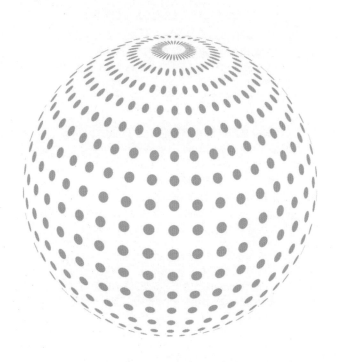

中国水利水电出版社
www.waterpub.com.cn
·北京·

内 容 提 要

本书系统分析了 2017 年全球水电行业发展现状；选取中国、美国、巴西、加拿大、日本、法国、墨西哥、摩洛哥作为典型国家，全面梳理了 2000 年以来各国水电装机容量和发电量的演变趋势；从政策、成本、电价、投资、就业等方面，分析了全球水电行业的热点问题。

本书可供从事可再生能源及水利水电工程领域的技术和管理人员，以及大中专院校能源工程、能源管理、水利水电工程及公共政策分析等专业的教师和研究生参考。

图书在版编目（CIP）数据

全球水电行业年度发展报告. 2018 / 国家水电可持续发展研究中心编. -- 北京 ：中国水利水电出版社，2018.12
ISBN 978-7-5170-7247-8

Ⅰ．①全… Ⅱ．①国… Ⅲ．①水利电力工业－研究报告－世界－2018 Ⅳ．①TV7

中国版本图书馆CIP数据核字(2018)第296425号

审图号：GS（2018）6419 号

书　　名	全球水电行业年度发展报告 2018 QUANQIU SHUIDIAN HANGYE NIANDU FAZHAN BAOGAO 2018
作　　者	国家水电可持续发展研究中心　编
出版发行	中国水利水电出版社 （北京市海淀区玉渊潭南路 1 号 D 座　100038） 网址：www.waterpub.com.cn E - mail：sales@waterpub.com.cn 电话：(010) 68367658（营销中心）
经　　售	北京科水图书销售中心（零售） 电话：(010) 88383994、63202643、68545874 全国各地新华书店和相关出版物销售网点
排　　版	中国水利水电出版社微机排版中心
印　　刷	天津嘉恒印务有限公司
规　　格	210mm×285mm　16 开本　8.25 印张　155 千字
版　　次	2018 年 12 月第 1 版　2018 年 12 月第 1 次印刷
印　　数	0001—1000 册
定　　价	**90.00 元**

《全球水电行业年度发展报告 2018》
编 委 会

主　　任　汪小刚

副 主 任　张国新

主　　编　隋　欣

副 主 编　柳春娜　陈　昂　吴赛男

编写人员　（按姓氏笔画排序）

王　智　李海英　朱仲晏　严国栋　吴赛男

陆　峰　陈　昂　林俊强　柳春娜　姜晓旭

贾婉琳　夏春园　梁顺田　隋　欣　彭期冬

靳甜甜　樊一源

致辞

SPEECH

　　党的十九大报告把对能源工作的要求放到"加快生态文明体制改革，建设美丽中国"的重要位置予以重点阐述，意义重大，影响深远，凸显了党中央对新时代能源转型和绿色发展的重大政治导向，体现了围绕建设社会主义现代化国家的宏伟目标，完善新时代水电能源发展战略，加快壮大水电能源产业的迫切需求。

　　《全球水电行业年度发展报告2018》是国家水电可持续发展研究中心在国家能源局指导下编写的系列全球水电行业年度发展报告之一，也是落实绿色发展理念，服务经济社会发展，参与全球能源治理体系建设，巩固和扩大水电国际合作的有益尝试。《全球水电行业年度发展报告2018》梳理分析了2017年全球水电行业发展状况和态势，力求系统全面，重点突出，为政府决策、企业和社会发展提供支持与服务。

　　希望国家水电可持续发展研究中心准确把握新时代水电发展战略定位，深刻学习领会党的十九大对能源发展的战略部署，重点围绕建设社会主义现代化国家的宏伟目标，提出新时代水电可持续发展战略；发挥自身优势，推出更多更好的研究咨询新成果，以期打造精品，形成系列，客观真实地记录全球水电行业发展历程，科学严谨地动态研判行业发展趋势，服务于政府与企业，与社会各界共享智慧，共赢发展！

汪小刚

2018 年 7 月

前 言
FOREWORD

　　水电作为目前技术最成熟、最具开发性和资源量丰富的可再生能源，具有可靠、清洁、经济的优势，是优化全球能源结构、应对全球气候变化的重要措施，得到了绝大多数国家的积极提倡和优先发展。近年来，全球水电蓬勃发展，特色鲜明，水电装机容量和发电量稳步增长，节能减排目标逐步实现。

　　随着国际能源变革步伐加快，全球水电发展拉开新篇章。新常态下中国电力需求增速明显放缓，供需宽松呈现常态化趋势。在创新驱动发展战略和"一带一路"倡议的引领下，中国水电积极走向国际市场，统筹利用国内国际两种资源、两个市场，深化国际能源双边多边合作。因此，作好全球水电行业发展的年度分析研究，及时总结全球水电行业发展的成功经验、出现的矛盾和问题，认识和把握新常态下水电行业发展的新形势、新特征，对推动全球水电可持续发展和制定及时、准确、客观的水电行业发展政策具有重要的指导意义。

　　《全球水电行业年度发展报告2018》是国家水电可持续发展研究中心编写的系列全球水电行业年度发展报告之一，报告分4个部分，从全球水电行业发展，美国等8个典型国家水电发展与展望，水电成本、电价、投资与就业等多个方面，对2017年度全球水电行业发展状况进行了全面梳理、归纳和研究分析，在此基础上，深入剖析了水电行业的热点和焦点问题。在编写方式上，报告力求以客观准确的统计数据为支撑，基于国际可再生能源署（IRENA）、国际水电协会（IHA）、国际能源署（IEA）、世界银行（WB）、联合国环境规划署（UNEP），以及美国、巴西、加拿大、日本、法国、墨西哥、摩洛哥、中国8个典型国家能源行政主管部门和能源信息官方网站发布的全球水电行业相关报告与数据，以简练的文字分析，并辅以图表，将报告展现给读者，报告图文并茂、直观形象、凝聚焦点、突出重点，旨在方便阅读、利于查询和检索。

根据《国家及下属地区名称代码 第一部分：国家代码》（ISO 3166-1）、《国家及下属地区名称代码 第二部分：下属地区代码》（ISO 3166-2）、《国家及下属地区名称代码 第三部分：国家曾用名代码》（ISO 3166-3）和《世界各国和地区名称代码》（GB/T 2659—2000），本书划分了亚洲（东亚、东南亚、南亚、中亚、西亚）、美洲（北美、拉丁美洲和加勒比）、欧洲、非洲和大洋洲等10个大洲及地区。

本书所使用的计量单位，主要采用国际单位制单位和我国法定计量单位，部分数据合计数或相对数由于单位取舍不同而产生的计算误差，均未进行机械调整。

如无特别说明，本书各项中国统计数据不包含香港特别行政区、澳门特别行政区和台湾省的数据，水电装机容量和发电量数据均包含抽水蓄能数据。

报告在编写过程中，得到了能源行业行政主管部门、研究机构、企业和行业知名专家的大力支持与悉心指导，在此谨致衷心的谢意！我们真诚地希望，《全球水电行业年度发展报告2018》能够为社会各界了解全球水电行业发展状况提供参考。

因经验和时间有限，书中难免存在疏漏，恳请读者批评指正。

编者

2018年7月

缩　略　词

缩略词	英文全称	中文全称
ACER	Agency for the Cooperation of Energy Regulators	能源监管机构合作组织
AS	Adjustable – Speed	变速技术
CAISO	California Independent System Operator	加利福尼亚独立系统运行中心
CREB	Clean Renewable Energy Bonds	清洁可再生能源债券
CTG	China Three Gorges Corporation	中国长江三峡集团公司
EIA	Energy Information Administration	能源信息署
EPRI	Electric Power Research Institute	电力研究院
ESA	Endangered Species Act	濒危物种法
FCRPS	Federal Columbia River Power System	联邦哥伦比亚河电力系统
FERC	Federal Energy Regulatory Commission	联邦能源管理委员会
FERC – USACE MOU	The Federal Energy Regulatory Commission and the US Army Corps of Engineers have signed a Memorandum of Understanding	联邦能源监管委员会和美国陆军工程兵团的谅解备忘录
FS	Fixed – speed	定速技术
GADS	Generating Availability Data System	可用率数据系统
IEA	International Energy Agency	国际能源署
IHA	International Hydropower Association	国际水电协会
IRENA	International Renewable Energy Agency	国际可再生能源署
ISO/RTO	Independent System Operators/Regional Transmission Organization	独立系统运行中心/区域电网运行中心
ISOs	Independent System Operators	独立系统运营商
LCOE	The Levelized Cost of Electricity	电力平准化度电成本
METI	Ministry of Economy，Trade and Industry	经济贸易产业省
MISO	Midcontinent Independent System Operator	中西部独立系统运行中心市场
NEB	National Energy Board	国家能源局
NEPA	National Environmental Policy Act	国家环境政策法
NERC	North American Electric Reliability Corporation	北美电力可靠性协会
NHA	National Hydropower Association	国家水电协会
NPD	Non – powered Dam	非发电坝
NSD	New Stream – reach Development	新溪流计划

缩略词	英文全称	中文全称
ONEE	National Electricity And Water Company	电力和水资源办公室
PJM	Pennsylvania New Jersey Maryland Interconnection	宾夕法尼亚-新泽西-马里兰州联合电力系统
PJM－West Hub	Pennsylvania New Jersey Maryland Interconnection West Hub	PJM 电力市场西部中心
PMAs	Power Marketing Administrations	电力经营管理局
PO	Planned Outages	计划停运
PPA	Power Purchase Agreements	购电协议
R&U	Refurbishments and Upgrades	升级改造
REC	Renewable Energy Credit	可再生能源证书
RPS	Renewable Portfolio Standard	可再生能源配额制
RTOs	Regional Transmission Organization	区域输电组织
UO	Unplanned Outages	非计划停运
USACE	U. S. Army Corps of Engineers	美国陆军工程兵团

目录

CONTENTS

致辞

前言

缩略词

2017 年全球水电行业发展概览 ·· 1

1 全球水电行业发展概况 ·· 9

1.1 全球水电现状 ·· 9

    1.1.1 装机容量 ·· 9

    1.1.2 发电量 ·· 11

1.2 常规水电现状 ·· 12

1.3 抽水蓄能现状 ·· 13

1.4 审批和在建情况 ·· 14

    1.4.1 全球水电在建情况 ·· 14

    1.4.2 全球水电审批和在建汇总 ·· 14

2 区域水电行业发展概况 ·· 17

2.1 亚洲 ·· 17

    2.1.1 东亚 ·· 17

    2.1.2 东南亚 ·· 21

    2.1.3 南亚 ·· 24

    2.1.4 中亚 ·· 28

　　　2.1.5　西亚 ……………………………………………… 31

　2.2　美洲 ………………………………………………………… 34

　　　2.2.1　北美 ……………………………………………… 34

　　　2.2.2　拉丁美洲和加勒比 ………………………………… 37

　2.3　欧洲 ………………………………………………………… 41

　　　2.3.1　水电现状 …………………………………………… 41

　　　2.3.2　常规水电现状 ……………………………………… 42

　　　2.3.3　抽水蓄能现状 ……………………………………… 44

　2.4　非洲 ………………………………………………………… 45

　　　2.4.1　水电现状 …………………………………………… 45

　　　2.4.2　常规水电现状 ……………………………………… 47

　　　2.4.3　抽水蓄能现状 ……………………………………… 48

　2.5　大洋洲 ……………………………………………………… 49

　　　2.5.1　水电现状 …………………………………………… 49

　　　2.5.2　常规水电现状 ……………………………………… 51

　　　2.5.3　抽水蓄能现状 ……………………………………… 52

3　典型国家水电行业发展概况 ……………………………… 53

　3.1　美国 ………………………………………………………… 53

　　　3.1.1　水电现状 …………………………………………… 53

　　　3.1.2　常规水电现状 ……………………………………… 54

　　　3.1.3　抽水蓄能现状 ……………………………………… 55

　　　3.1.4　电力市场与设备 …………………………………… 56

　　　3.1.5　政策与市场驱动力 ………………………………… 57

　3.2　巴西 ………………………………………………………… 59

　　　3.2.1　水电现状 …………………………………………… 59

　　　3.2.2　常规水电现状 ……………………………………… 60

　　　3.2.3　水电开发管理 ……………………………………… 61

　3.3　加拿大 ……………………………………………………… 62

　　　3.3.1　水电现状 …………………………………………… 62

　　　3.3.2　常规水电现状 ……………………………………… 63

3.3.3　抽水蓄能现状 …………………………………………… 64

3.3.4　水电发展趋势 …………………………………………… 64

3.4　日本 …………………………………………………………… 66

3.4.1　水电现状 ………………………………………………… 66

3.4.2　常规水电现状 …………………………………………… 67

3.4.3　抽水蓄能现状 …………………………………………… 68

3.4.4　水电发展趋势 …………………………………………… 69

3.5　法国 …………………………………………………………… 69

3.5.1　水电现状 ………………………………………………… 69

3.5.2　常规水电现状 …………………………………………… 71

3.5.3　抽水蓄能现状 …………………………………………… 71

3.5.4　水电开发管理 …………………………………………… 71

3.6　墨西哥 ………………………………………………………… 73

3.6.1　水电现状 ………………………………………………… 73

3.6.2　常规水电现状 …………………………………………… 74

3.6.3　水电发展趋势 …………………………………………… 74

3.7　摩洛哥 ………………………………………………………… 75

3.7.1　水电现状 ………………………………………………… 75

3.7.2　常规水电现状 …………………………………………… 77

3.7.3　抽水蓄能现状 …………………………………………… 77

3.7.4　水电发展趋势 …………………………………………… 77

3.8　中国 …………………………………………………………… 78

3.8.1　水电现状 ………………………………………………… 78

3.8.2　常规水电现状 …………………………………………… 81

3.8.3　抽水蓄能现状 …………………………………………… 81

3.8.4　水电设备可靠性 ………………………………………… 82

3.8.5　可持续水电评价 ………………………………………… 84

4　水电经济与就业 …………………………………………………… 90

4.1　成本 …………………………………………………………… 90

4.1.1　建设成本 ………………………………………………… 90

4.1.2 运营维护成本 ……………………………… 90

4.1.3 抽水蓄能成本 ……………………………… 91

4.1.4 美国水电成本 ……………………………… 92

4.2 电价 ………………………………………… 92

4.2.1 竞价机制 …………………………………… 92

4.2.2 美国水电价格 ……………………………… 93

4.3 投资 ………………………………………… 97

4.3.1 大中型水电 ………………………………… 97

4.3.2 小型水电 …………………………………… 97

4.3.3 投资风险 …………………………………… 98

4.3.4 升级改造投资 ……………………………… 98

4.3.5 中国水电投资 ……………………………… 101

4.4 就业 ………………………………………… 103

4.4.1 大中型水电 ………………………………… 103

4.4.2 小型水电 …………………………………… 104

附表1 2017年全球主要国家（地区）水电数据统计 …… 105

附图1 全球水电概览 ………………………… 111

附图2 亚洲水电概览 ………………………… 112

附图3 美洲水电概览 ………………………… 113

附图4 欧洲水电概览 ………………………… 115

附图5 非洲水电概览 ………………………… 116

参考文献 ……………………………………… 117

2017 年全球水电行业发展概览

1 主要内容

《全球水电行业年度发展报告 2018》（以下简称《年报 2018》）全面梳理了 2008 年以来全球水电行业装机容量和发电量的演变趋势，系统分析了 2017 年全球水电行业发展现状，以及美国、巴西、加拿大、日本、法国、墨西哥、摩洛哥、中国 8 个典型国家水电行业发展与展望；从成本、电价、投资、就业等方面分析了全球水电行业的热点问题，并识别了全球水电经济与成本阈值。

2 数据来源

《年报 2018》中 2008—2017 年全球主要国家和地区（不含中国、美国）水电装机容量、常规水电装机容量和抽水蓄能装机容量数据均来源于国际可再生能源署（IRENA）最新发布的《可再生能源装机容量统计 2018》（《Renewable Capacity Statistics 2018》）。其中，水电装机容量包括常规水电装机容量和抽水蓄能装机容量；常规水电装机容量含混合式抽水蓄能电站的装机容量，抽水蓄能装机容量为纯抽水蓄能电站的装机容量。

《年报 2018》中 2008—2016 年和 2017 年全球主要国家和地区（不含中国、美国）水电发电量数据分别来源于《全球水电行业年度发展报告 2017》和国际水电协会（IHA）最新发布的《水电现状报告 2018》（《Hydropower Status Report 2018》）。

《年报 2018》中 2008—2016 年中国水电装机容量、中国水电发电量、常规水电装机容量和抽水蓄能装机容量数据均来源于《全球水电行业年度发展报告 2017》；2017 年中国水电装机容量、中国水电发电量、常规水电装机容量和抽水蓄能装机容量数据来源于国家能源局发布的《2017 年全国电力工业统计数据》。

《年报 2018》中 2008—2016 年美国水电装机容量、美国水电发电量、常规水电装机容量和抽水蓄能装机容量数据均来源于美国能源信息署（EIA）发布的《水电市场报告 2017》（《2017 Hydropower Market Report》）。

以《可再生能源装机容量统计 2018》中 158 个国家和地区的水电数据为基础，结合《水电现状报告 2018》增加的 3 个国家和地区（土库曼斯坦、安道尔、格陵兰）的水电发电量数据，《年报 2018》统计分析了 10 个大洲和地区的 2008—2017 年水电发展状况。国际可再生能源署、国际水电协会和《年报 2018》统计的持有水电数据的国家（地区）分布情况见表 1。

表 1　　　　　　　　　　持有水电数据的国家（地区）分布情况

名　　称	国际可再生能源署数据	国际水电协会数据	《年报 2018》数据
全球	158	207	161
亚洲	32	43	36
美洲	31	39	32
欧洲	42	49	40
非洲	43	58	43
大洋洲	10	18	10

注　国际水电协会统计的 207 个国家（地区）中，仅 161 个国家（地区）具有水电数据，已全部纳入《年报 2018》；其余 46 个国家（地区）均无水电装机容量和发电量数据。

全球水电行业成本数据来源于《可再生发电成本 2017》（《Renewable Power Generation Costs in 2017》），投资数据来源于《全球可再生能源投资趋势 2018》（《Global Trends in Renewable Energy Investments 2018》）和《水电市场报告 2017》，就业数据来源于《可再生能源和就业报告 2018》（《Renewable Energy and Jobs Annual Review 2018》）。

美国水电行业发展数据来源于《水电现状报告 2018》《水电市场报告 2017》和美国陆军工程兵团发布的《太平洋西北部抽蓄电站与风电联合运营的技术分析》（《Technical Analysis of Pumped Storage and Integration with Wind Power in the Pacific Northwest》）。

中国水电行业数据来源于《中国电力发展报告 2017》《中国电力行业年度发展报告 2018》和《2017 年全国电力可靠性年度报告》。

巴西、加拿大、日本、法国、墨西哥、摩洛哥水电行业发展资料分别来源于《水电现状报告 2018》、《加拿大能源前景 2017》（《Canada's Energy

Future 2017》)、《日本 2015 年能源计划》（《Japan's Energy Plan in 2015》）、《能源与气候概况 2016》（《Panorama énergies – climat 2016》）等。

3　水电行业概览

2017 年，全球水电发展良好，增长稳定。截至 2017 年年底，全球水电装机容量达到 12.66 亿千瓦，其中，抽水蓄能装机容量 1.21 亿千瓦；全球新增水电装机容量约 2087 万千瓦。全球水电发电量达到 41561 亿千瓦时，逐渐成为支撑可再生能源系统的重要能源（见图 1～图 4）。

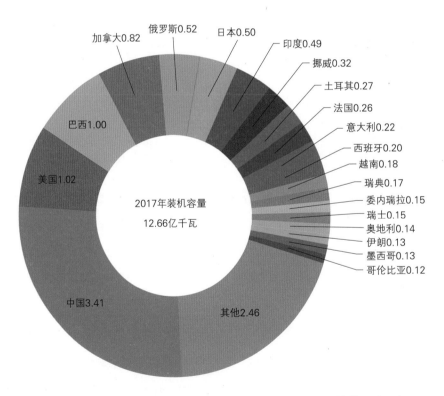

图 1　2017 年全球主要国家（地区）水电装机容量（单位：亿千瓦）

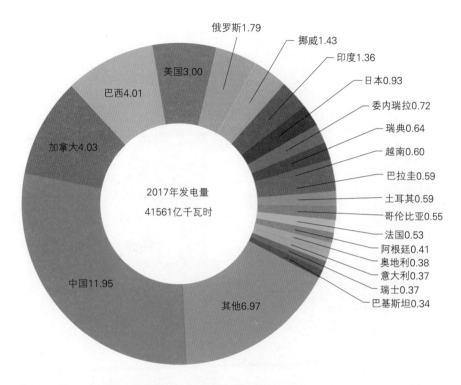

图 2　2017 年全球主要国家（地区）水电发电量（单位：10³ 亿千瓦时）

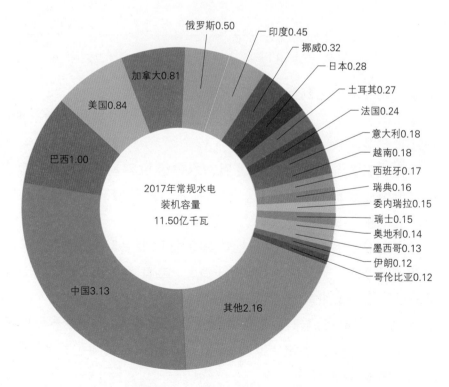

图 3　2017 年全球主要国家（地区）常规水电装机容量（单位：亿千瓦）

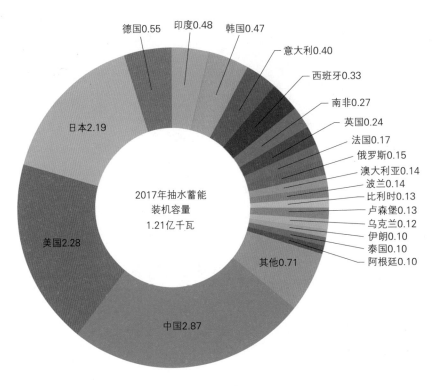

图 4 2017 年全球主要国家（地区）抽水蓄能装机容量（单位：10^{-1} 亿千瓦）

2017 年全球水电行业装机容量和发电量大数据

- 全球水电发电量达到 41561 亿千瓦时。

- 全球水电装机容量达到 12.66 亿千瓦，新增水电装机容量 2087 万千瓦。

- 中国再次引领全球水电行业发展，水电装机容量 3.41 亿千瓦，新增水电装机容量 754 万千瓦，包括抽水蓄能新增装机容量 200 万千瓦。发电量 11945 亿千瓦时，均居全球首位。

- 新增水电装机容量较高的其他国家包括巴西（339 万千瓦）、印度（180 万千瓦）、安哥拉（138 万千瓦）、越南（68 万千瓦）、土耳其（59 万千瓦）和加拿大（54 万千瓦）。

- 全球 69 个国家在建常规水电项目（装机容量大于 1 万千瓦）不少于 700 项，总装机容量 1.61 亿千瓦；在建抽水蓄能项目 38 项，总装机容量 0.42 亿千瓦。

2017 年全球水电行业经济和就业大数据

- 全球水电建设总成本每千瓦 1535 美元（10364 元）。
- 大型水电年度运营维护成本每千瓦 20～60 美元（135～405 元）。
- 全球大中型水电投资 450 亿美元（3038.3 亿元），同比增长 104.5%；小型水电投资 30 亿美元（202.6 亿元），同比下降 14.3%。
- 全球大型水电提供就业岗位 151.4 万个，占当年可再生能源就业岗位的 14.6%；小型水电提供就业岗位 29 万个，较上一年度增长 36.8%。

2017 年中国水电行业发展大数据

- 中国常规水电装机容量 31250 万千瓦，增速持续放缓，同比增速 1.8%。
- 中国水电是非化石能源的主体，水电装机容量占非化石能源装机容量的 50.6%。
- 中国抽水蓄能装机容量 2869 万千瓦，增速放缓，同比增速 7.5%。

2017 年美国水电行业发展大数据

- 美国水电发电量达到 3000 亿千瓦时。
- 美国水电装机容量达到 10287 万千瓦，新增水电装机容量 18 万千瓦。
- 截至 2017 年年底，美国已建常规水电站 2242 座，装机容量 8006 万千瓦；已建抽水蓄能电站 43 座，装机容量 2281 万千瓦。
- 美国水电装机容量占全国发电设备装机容量的 9.5%，其中，常规水电装机容量占全国的 7.4%，抽水蓄能装机容量占全国的 2.1%；水电发电量占全国发电量的 7.5%。

2017 年其他典型国家水电行业发展大数据

- 巴西水电装机容量同比增速 3.5%，高于 2008 年以来的平均水平。
- 截止到 2017 年年底，巴西水电装机容量占南美地区的 2/3，占国内电力总装机容量的 64%，满足国内超过 3/4 的电力需求。
- 加拿大水电装机容量趋于平稳，水电装机容量同比增速 0.7%。
- 截至 2017 年年底，墨西哥水电装机容量占全国电力总装机容量的 17%，水电发电量占全国发电量的 12%。

1

全球水电行业发展概况

1.1 全球水电现状

1.1.1 装机容量

截至 2017 年年底，全球水电装机容量 12.66 亿千瓦，约占全球可再生能源装机容量的 58.1%。

截至 2017 年年底，东亚、欧洲、拉丁美洲和加勒比、北美 4 个区域的水电装机容量均超过 1 亿千瓦（见图 1.1），占全球水电装机容量的 82.5%。其中，东亚水电装机容量 40388 万千瓦，占全球水电装机容量的 31.9%（见图 1.2 和表 1.1）。

全球水电装机容量持续增长

全球水电装机容量
12.66 亿千瓦

↑ **1.7%**

全球水电开发持续向东亚集中

东亚水电装机容量占比

31.9%

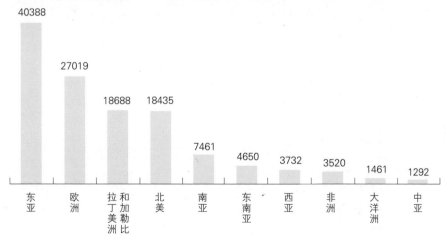

图 1.1　2017 年全球各区域水电装机容量（单位：万千瓦）

数据来源：《可再生能源装机容量统计 2018》《全球水电行业年度发展报告 2017》《2017 年全国电力工业统计数据》和美国能源信息署（EIA）官方网站公开数据

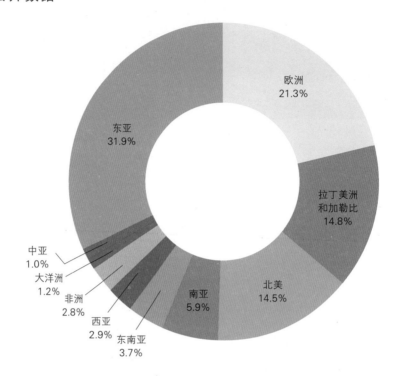

图 1.2　2017 年全球各区域水电装机容量占比

表 1.1　　　　　　　　　2017 年全球各区域水电装机容量及发电量

区　　域		装机容量 /万千瓦	发电量 /亿千瓦时	常规水电 装机容量 /万千瓦	抽水蓄能 装机容量 /万千瓦
中文	英　文				
东亚	Eastern Asia	40388	13059	34857	5531
东南亚	South－eastern Asia	4650	1481	4478	172
南亚	Southern Asia	7461	2022	6878	583
中亚	Central Asia	1292	530	1292	0
西亚	Western Asia	3732	809	3708	24
北美	Northern America	18435	7038	16137	2298
拉丁美洲和 加勒比	Latin America and the Caribbean	18688	7727	18591	97
欧洲	Europe	27019	7180	24114	2905
非洲	Africa	3520	1310	3200	320
大洋洲	Oceania	1461	405	1320	141
合　计		126646	41561	114575	12071

注　数据来源：《可再生能源装机容量统计 2018》《水电现状报告 2018》。

1.1.2 发电量

截至 2017 年年底，全球水电发电量 41561 亿千瓦时，同比增速 1.4%，比 2016 年增长 580 亿千瓦时。

截至 2017 年年底，东亚、拉丁美洲和加勒比、欧洲、北美 4 个区域的水电发电量均超过 5000 亿千瓦时（见图 1.3），4 个区域的水电发电量占全球水电发电量的 84.2%。其中，东亚水电发电量最高，占全球水电发电量的 31.4%（见图 1.4），占比与 2016 年持平。

水电发电量继续增长

水电发电量
41561 亿千瓦时

↑ 1.4%

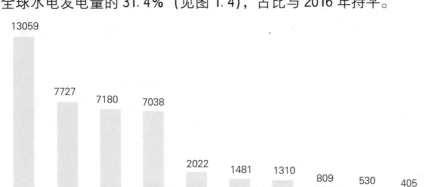

图 1.3　2017 年全球各区域水电发电量（单位：亿千瓦时）

数据来源：《可再生能源统计 2018》《水电现状报告 2018》

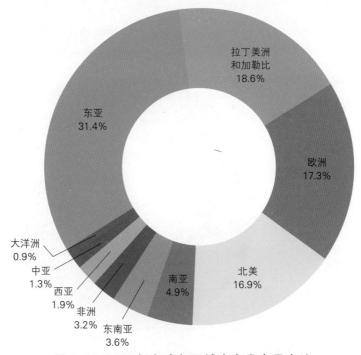

图 1.4　2017 年全球各区域水电发电量占比

1.2　常规水电现状

截至 2017 年年底，全球常规水电装机容量 11.46 亿千瓦，约占全球水电装机容量的 90.5%；2017 年全球常规水电装机容量同比增速 1.7%，较上一年度增长 1884 万千瓦。

截至 2017 年年底，东亚、欧洲、拉丁美洲和加勒比、北美 4 个区域的常规水电装机容量均超过 1 亿千瓦（见图 1.5），占全球常规水电装机容量的 81.8%。其中，东亚常规水电装机容量 34857 万千瓦，占全球常规水电装机容量的 30.4%（见图 1.6）。

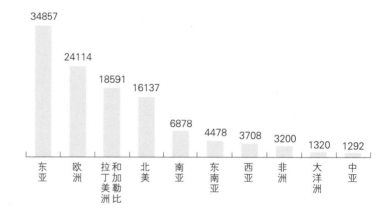

图 1.5　2017 年全球各区域常规水电装机容量（单位：万千瓦）

数据来源：《可再生能源装机容量统计 2018》

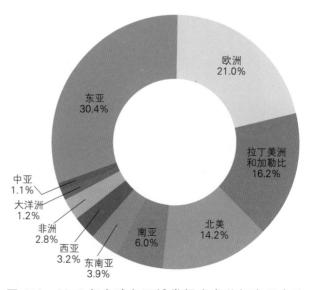

图 1.6　2017 年全球各区域常规水电装机容量占比

1.3　抽水蓄能现状

截至 2017 年年底，全球抽水蓄能装机容量 1.21 亿千瓦，约占全球水电装机容量的 9.5%；2017 年全球抽水蓄能装机容量同比增速 1.7%，较上一年度增长 203 万千瓦。

截至 2017 年年底，东亚、欧洲、北美 3 个区域的抽水蓄能装机容量均超过 1000 万千瓦（见图 1.7），占全球抽水蓄能装机容量的 88.9%。其中，东亚抽水蓄能装机容量 5531 万千瓦，占全球抽水蓄能装机容量的 45.8%（见图 1.8）。

抽水蓄能装机容量持续增长

抽水蓄能装机容量

↑ **1.7%**

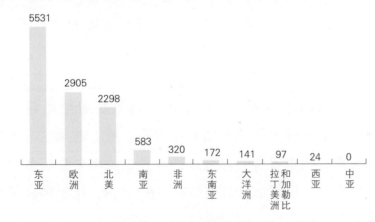

图 1.7　2017 年全球各区域抽水蓄能装机容量（单位：万千瓦）

数据来源：《可再生能源装机容量统计 2018》

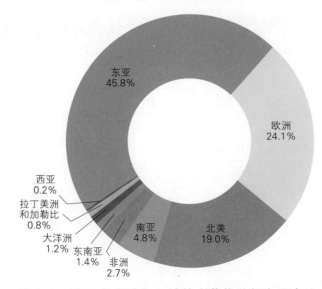

图 1.8　2017 年全球各区域抽水蓄能装机容量占比

1.4 审批和在建情况

1.4.1 全球水电在建情况

截至 2017 年年底，全球 69 个国家在建常规水电项目（装机容量大于 1 万千瓦）不少于 700 项，总装机容量 1.61 亿千瓦；全球 96 个国家的 4383 个水电项目开展了项目前期工作，装机容量达到 3.55 亿千瓦。根据美国工业信息资源数据库（The Industrial Info Resources，IIR；https：//www. industrialinfo.com/），全球在建抽水蓄能项目 38 项，总装机容量 0.42 亿千瓦；180 个抽水蓄能项目已核准或审批，总装机容量 1.34 亿千瓦。

1.4.2 全球水电审批和在建汇总

中国、印度、巴西的水电规划和开工装机容量位居全球前三（见表 1.2）。中国、巴西规划和开工的水电项目多位于流域上游地区，水电开发的同时还需要配套建设输电设施。印度规划和开工的水电项目多为小型水电，小型水电装机容量占规划水电总装机容量的 66%，比例远高于中国和巴西。

表 1.2　全球水电审批和在建装机容量（前 20 位国家，截至 2017 年年底）

国　　家	总装机容量/万千瓦	常规装机容量/万千瓦	抽水蓄能装机容量/万千瓦
中国	20949.0	10349.0	7697.0
印度	6531.5	6181.5	350.0
巴西	3545.5	3545.5	0
巴基斯坦	3116.8	3116.8	0
尼泊尔	2599.3	2599.3	0
缅甸	2569.7	2569.7	0
美国	2162.5	171.2	1991.3
不丹	2055.4	2055.4	0
印度尼西亚	2040.0	1512.0	528.0
菲律宾	1886.0	727.0	1159.0

续表

国　　家	总装机容量 /万千瓦	常规装机容量 /万千瓦	抽水蓄能装机容量 /万千瓦
土耳其	1020.1	1020.1	0
埃塞俄比亚	920.2	920.2	0
伊朗	897.6	797.6	100.0
老挝	863.2	863.2	0
哥伦比亚	810.0	810.0	0
秘鲁	699.4	699.4	0
阿根廷	677.1	677.1	0
厄瓜多尔	656.1	656.1	0
加拿大	585.9	435.9	150.0
越南	532.6	412.6	120.0

注　数据来源：美国工业信息资源数据库、《水电发展"十三五"规划（2016—2020年）》。

"十三五"期间，中国审批和在建常规水电装机容量为 1.0 亿千瓦，审批和在建抽水蓄能装机容量为 7697 万千瓦，均位居全球首位。根据《水电发展"十三五"规划（2016—2020年）》，预计 2020 年水电总装机容量将达到 3.8 亿千瓦，其中常规水电装机容量为 3.4 亿千瓦，抽水蓄能装机容量为 4000 万千瓦，年发电量为 1.25 万亿千瓦时。抽水蓄能装机容量的增加，有利于风电、光伏发电等间歇式能源与抽水蓄能的协调运行，对提高风电和光伏发电利用率具有显著作用。

根据《水电愿景：美国第一大可再生能源电源的新篇章》，到 2050 年，美国水电装机容量预计增加近 5000 万千瓦；其中，现有机组优化升级增加 630 万千瓦，现有非水电用大坝改造增加 480 万千瓦，新河流水电开发增加 170 万千瓦，抽水蓄能电站增加 3500 万千瓦。

根据《水电市场报告 2017》，美国水电发展规划和开工的重点为现有机组优化升级，总装机容量位居全球第七（见表 1.2）。截至 2017 年年底，美国共规划和开工了 214 个常规水电项目，装机容量 171.2 万千瓦。其中，中西部地区、东南部地区和东北部地区水电规划和开工项目几乎全部为非发电坝增加发电设备。西南地区水电规划和开工项目多为在现有沟渠和灌渠上增加发电设备。除位于纽约的 1 个新河流水电开发项目外，其余新河流水电开发项目均位于西北地区。总体上，非发电坝项目装机容量占总规划装机容量的 92%。因此，提高此类水电项目的管理和审批效率对于美国水电规划的成功实施至关重要。

美国审批和在建的抽水蓄能电站多为纯抽水蓄能电站。纯抽水蓄能电站对环境的影响相对较小，在电站选址方面具有一定优势，运行方式也与现有混合式抽水蓄能电站不同。混合式抽水蓄能电站一般利用峰谷电价的差异获利，如果电价持续较低，将难以吸引新的投资。美国通过抽水蓄能许可证申请，引导和强调抽水蓄能电站在电网服务中的多功能性，特别是已经实施了可再生能源配额制（RPS）的地区。

截至 2017 年年底，美国共规划了 48 个抽水蓄能电站，装机容量 1967.3 万千瓦（见表 1.2 和图 1.9）。其中，40 个抽水蓄能电站开展了可行性研究工作；6 个抽水蓄能电站已向美国联邦能源管理委员会（FERC）提交了许可证核准申请；2 个抽水蓄能电站已获得美国联邦能源管理委员会许可证，分别为加利福尼亚州的鹰山（Eagle Mountain）工程和蒙大拿州的戈登·巴特（Gordon Butte）工程，有望成为首批大型抽水蓄能电站。

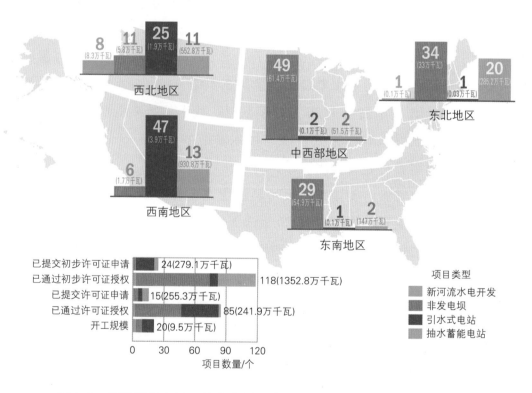

图 1.9　美国规划和开工的水电项目分布与类型（截至 2017 年年底）
数据来源：《水电市场报告 2017》

2

区域水电行业发展概况

2.1 亚洲

2.1.1 东亚

2.1.1.1 水电现状

2.1.1.1.1 装机容量

截至 2017 年年底，东亚水电装机容量 4.04 亿千瓦，约占亚洲水电装机容量的 70.2%；比 2016 年增长 756 万千瓦，同比增长 1.9%，其中新增水电装机容量的 99.8% 来自中国。

截至 2017 年年底，中国和日本的水电装机容量均超过 1000万千瓦（见图 2.1），占东亚水电装机容量的 96.9%。其中，中国

**东亚水电装机容量
持续增长**

东亚水电装机容量

↑ **1.9%**

**中国水电装机容量
领跑东亚**

中国水电装机容量占比

84.5%

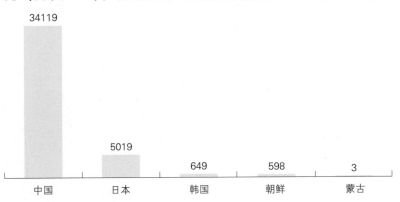

图 2.1　2017 年东亚各国水电装机容量（单位：万千瓦）

数据来源：《可再生能源装机容量统计 2018》

水电装机容量占东亚水电装机容量的 84.5%（见图 2.2），比 2016 年新增水电装机容量 754 万千瓦。

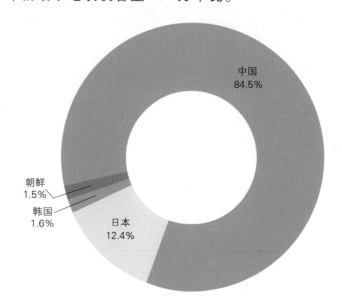

图 2.2　2017 年东亚主要国家水电装机容量占比

2.1.1.1.2　发电量

东亚水电发电量持续增长

东亚水电发电量

1.4% ↑

中国水电发电量领跑东亚

中国水电发电量占比
91.5%

截至 2017 年年底，东亚水电发电量 13059 亿千瓦时，位居全球之首，比 2016 年新增水电发电量 182 亿千瓦时，同比增长 1.4%。

截至 2017 年年底，中国和日本的水电发电量均超过 500 亿千瓦时（见图 2.3），占东亚水电发电量的 98.6%。其中，中国水电发电量 11945 亿千瓦时，占东亚水电发电量的 91.5%（见图 2.4）。

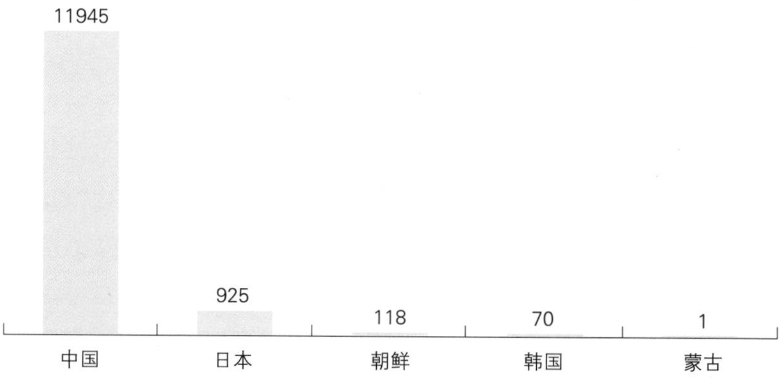

中国	日本	朝鲜	韩国	蒙古
11945	925	118	70	1

图 2.3　2017 年东亚各国水电发电量（单位：亿千瓦时）
数据来源：《可再生能源统计 2018》《水电现状报告 2018》

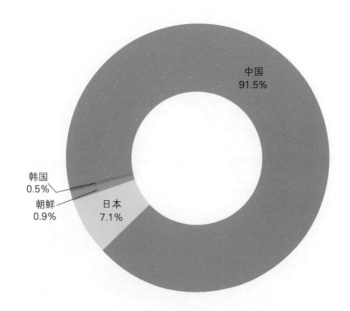

图 2.4　2017 年东亚主要国家水电发电量占比

2.1.1.2　常规水电现状

截至 2017 年年底，东亚常规水电装机容量 3.5 亿千瓦，位居全球之首，比 2016 年增长 556 万千瓦，同比增长 1.6%，其中新增常规水电装机容量的 99.6% 来自中国。

截至 2017 年年底，中国和日本的常规水电装机容量均超过 1000 万千瓦（见图 2.5），占东亚常规水电装机容量的 97.8%。其中，中国常规水电装机容量占东亚常规水电装机容量的 89.7%（见图 2.6）。

截至 2017 年年底，中国常规水电装机容量 31250 万千瓦，比 2016 年增长 554 万千瓦，同比增速 1.8%。

东亚常规水电装机容量增速放缓

东亚常规水电装机容量

↑ **1.6%**

中国常规水电装机容量占比

89.7%

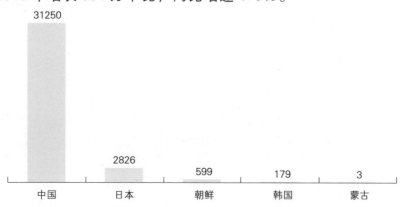

图 2.5　2017 年东亚各国常规水电装机容量（单位：万千瓦）
数据来源：《可再生能源装机容量统计 2018》

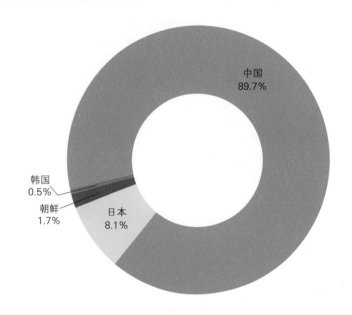

图 2.6　2017 年东亚主要国家常规水电装机容量占比

2.1.1.3　抽水蓄能现状

东亚抽水蓄能装机
容量持续增长

东亚抽水蓄能装机容量

3.8%↑

中国抽水蓄能装机
容量位居东亚之首

截至 2017 年年底，东亚抽水蓄能装机容量 5531 万千瓦，位居全球之首，比 2016 年增长 200 万千瓦，同比增长 3.8%，新增装机容量全部来自中国。

截至 2017 年年底，中国和日本的抽水蓄能装机容量均超过 1000 万千瓦（见图 2.7），占东亚抽水蓄能装机容量的 91.5%。其中，中国抽水蓄能装机容量占东亚抽水蓄能装机容量的 51.9%（见图 2.8），比 2016 年增长了 6.1 个百分点；日本抽水蓄能装机容量 2192 万千瓦，比 2016 年下降了 6.6 个百分点。

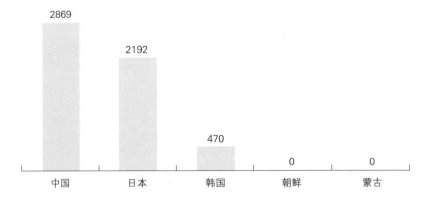

图 2.7　2017 年东亚各国抽水蓄能装机容量（单位：万千瓦）

数据来源：《可再生能源装机容量统计 2018》

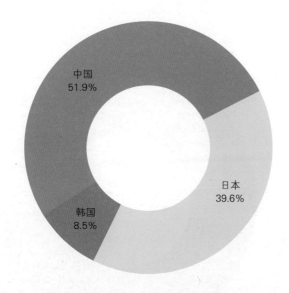

图 2.8　2017 年东亚主要国家抽水蓄能装机容量占比

截至 2017 年年底，中国抽水蓄能装机容量 2869 万千瓦，比 2016 年增长 200 万千瓦，同比增速 7.5%。

2.1.2　东南亚

2.1.2.1　水电现状

2.1.2.1.1　装机容量

截至 2017 年年底，东南亚水电装机容量 4650 万千瓦，占亚洲水电装机容量的 8.1%，比 2016 年增长 110 万千瓦，同比增长 2.4%。

截至 2017 年年底，东南亚各国中仅越南的水电装机容量超过 1000 万千瓦（见图 2.9），占东南亚水电装机容量的 38.2%（见图 2.10），比 2016 年增长 68 万千瓦，位居东南亚之首。

东南亚水电装机容量持续增长

东南亚水电装机容量

↑ **2.4%**

越南水电装机容量位居东南亚之首

越南水电装机容量占比

38.2%

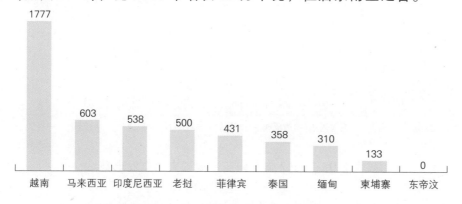

图 2.9　2017 年东南亚主要国家水电装机容量（单位：万千瓦）

数据来源：《可再生能源装机容量统计 2018》

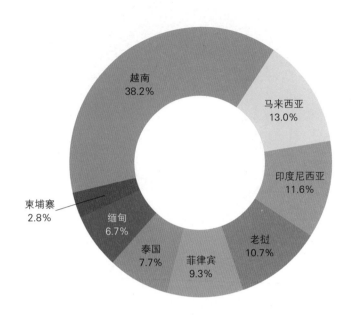

图 2.10　2017 年东南亚主要国家水电装机容量占比

2.1.2.1.2　发电量

截至 2017 年年底，东南亚水电发电量 1481 亿千瓦时，比 2016 年减少 102 亿千瓦时，同比下降 6.4%。

截至 2017 年年底，东南亚各国中仅越南的水电发电量超过 500 亿千瓦时（见图 2.11），占东南亚水电发电量的 40.4%（见图 2.12），比 2016 年下降了 4.5 个百分点。

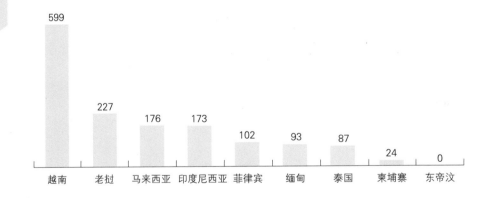

图 2.11　2017 年东南亚主要国家水电发电量
（单位：亿千瓦时）

数据来源：《可再生能源统计 2018》《水电现状报告 2018》

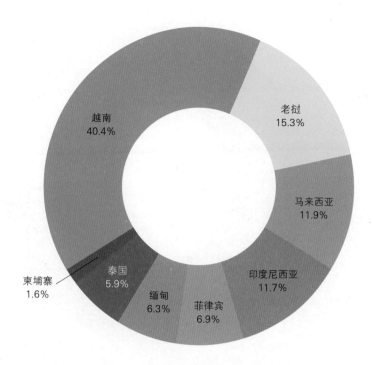

图 2.12 2017 年东南亚主要国家水电发电量占比

2.1.2.2 常规水电现状

截至 2017 年年底,东南亚常规水电装机容量 4478 万千瓦,比 2016 年增长 110 万千瓦,同比增长 2.5%。

截至 2017 年年底,东南亚各国中仅越南的常规水电装机容量超过 1000 万千瓦(见图 2.13),占东南亚常规水电装机容量的 39.7%(见图 2.14),比 2016 年增长 68 万千瓦,位居东南亚之首。

东南亚常规水电装机容量增速放缓

东南亚常规水电装机容量

↑ **2.5%**

越南常规水电装机容量占比

39.7%

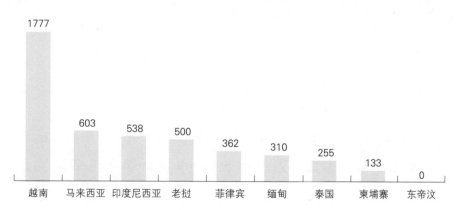

图 2.13 2017 年东南亚主要国家常规水电装机容量(单位:万千瓦)

数据来源:《可再生能源装机容量统计 2018》

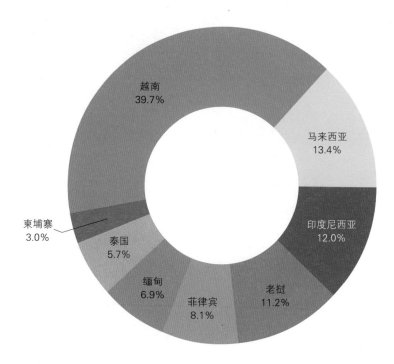

图 2.14　2017 年东南亚主要国家常规水电装机容量占比

2.1.2.3　抽水蓄能现状

截至 2017 年年底，东南亚抽水蓄能装机容量 172 万千瓦，与 2016 年持平。

截至 2017 年年底，东南亚各国中仅泰国和菲律宾开发建设了抽水蓄能电站。其中，泰国抽水蓄能装机容量占东南亚抽水蓄能装机容量的 60.1%。截至 2017 年年底，泰国抽水蓄能装机容量 103 万千瓦，与 2016 年持平。

2.1.3　南亚

2.1.3.1　水电现状

2.1.3.1.1　装机容量

截至 2017 年年底，南亚水电装机容量 7461 万千瓦，比 2016 年增长 246 万千瓦，同比增长 3.4%，新增水电装机容量的 72.9% 来自印度。

截至 2017 年年底，印度和伊朗的水电装机容量均超过 1000 万千瓦（见图 2.15），占南亚水电装机容量的 83.6%。其中，印度水电装机容量占南亚水电装机容量的 66.2%（见图 2.16），比

东南亚抽水蓄能装机容量

与 2016 年持平

泰国抽水蓄能装机容量位居东南亚之首

泰国抽水蓄能装机容量占比

60.1%

南亚水电装机容量持续增长

南亚水电装机容量

3.4% ↑

2016 年下降了 0.8 个百分点。

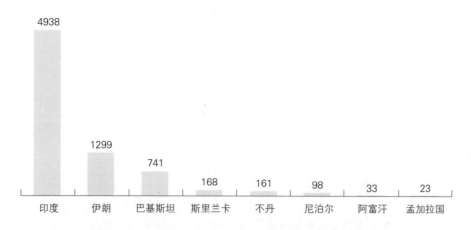

图 2.15　2017 年南亚主要国家水电装机容量（单位：万千瓦）

数据来源：《可再生能源装机容量统计 2018》

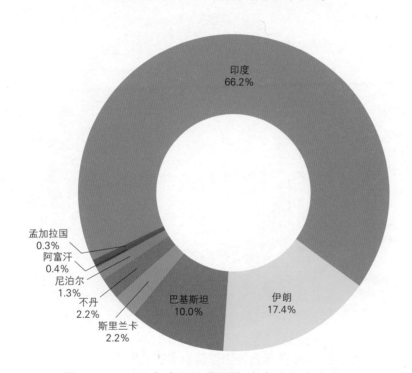

图 2.16　2017 年南亚主要国家水电装机容量占比

2.1.3.1.2　发电量

截至 2017 年年底，南亚水电发电量 2022 亿千瓦时，比 2016 年增长 126 亿千瓦时，同比增长 6.6%。

截至 2017 年年底，南亚各国中仅印度的水电发电量超过 500 亿千瓦时（见图 2.17），占南亚水电发电量的 67.0%（见图 2.18），比 2016 年提升了 3.5 个百分点。

印度水电装机容量位居南亚之首

印度水电装机容量占比

66.2%

南亚水电发电量

↑6.6%

印度水电发电量位居南亚之首

印度水电发电量占比

67.0%

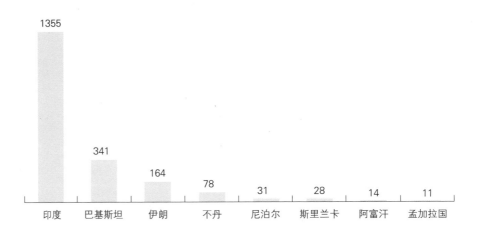

图 2.17　2017 年南亚主要国家水电发电量（单位：亿千瓦时）

数据来源：《可再生能源统计 2018》《水电现状报告 2018》

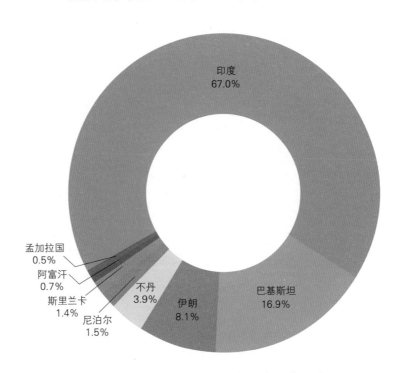

图 2.18　2017 年南亚主要国家水电发电量占比

2.1.3.2　常规水电现状

截至 2017 年年底，南亚常规水电装机容量 6878 万千瓦，比 2016 年增长 246 万千瓦，同比增长 3.7%，新增常规水电装机容量的 72.9% 来自印度。

截至 2017 年年底，南亚各国中仅印度和伊朗的常规水电装机容量超过 1000 万千瓦（见图 2.19），占南亚常规水电装机容量的 82.3%。其中，印度常规水电装机容量占南亚常规水电装机容

南亚常规水电装机容量持续增长

南亚常规水电装机容量

3.7% ↑

26

量的 64.9%（见图 2.20）。截至 2017 年年底，印度常规水电装机容量 4460 万千瓦，比 2016 年增长 180 万千瓦，同比增速 4.2%。

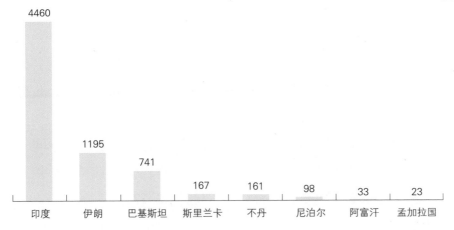

图 2.19　2017 年南亚主要国家常规水电装机容量（单位：万千瓦）
数据来源：《可再生能源装机容量统计 2018》

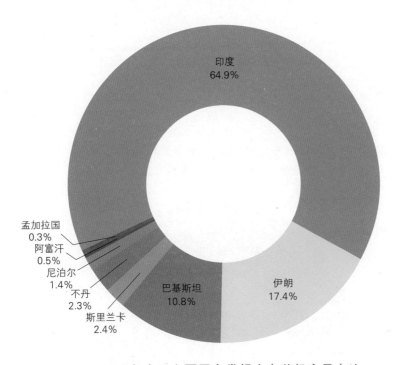

图 2.20　2017 年南亚主要国家常规水电装机容量占比

2.1.3.3　抽水蓄能现状

截至 2017 年年底，南亚抽水蓄能装机容量 583 万千瓦，与 2016 年持平。南亚各国中仅印度和伊朗开发建设了抽水蓄能电站，其中印度抽水蓄能装机容量占南亚抽水蓄能装机容量的 82.1%。2008 年以来，印度抽水蓄能装机容量持平。

2.1.4 中亚

2.1.4.1 水电现状

2.1.4.1.1 装机容量

中亚水电装机容量缓慢增长

中亚水电装机容量

1.2% ↑

塔吉克斯坦水电装机容量位居中亚之首

塔吉克斯坦水电装机容量占比

41.2%

截至2017年年底，中亚水电装机容量1292万千瓦，比2016年增长15万千瓦，同比增长1.2%，新增水电装机容量的79.1%来自吉尔吉斯斯坦。

截至2017年年底，中亚各国中仅塔吉克斯坦的水电装机容量超过500万千瓦（见图2.21），为533万千瓦，位居中亚首位，占中亚水电装机容量的41.2%（见图2.22）。

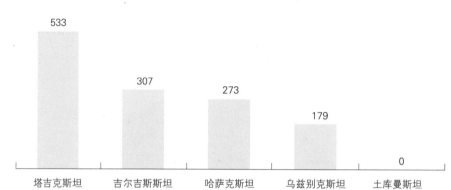

图2.21 2017年中亚主要国家水电装机容量（单位：万千瓦）

数据来源：《可再生能源装机容量统计2018》

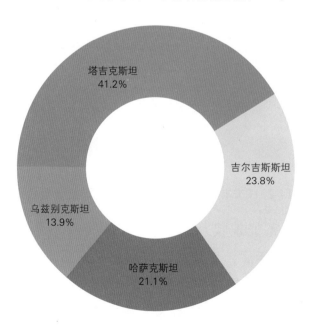

图2.22 2017年中亚主要国家水电装机容量占比

2.1.4.1.2 发电量

截至 2017 年年底，中亚水电发电量 530 亿千瓦时，比 2016 年增长 34 亿千瓦时，同比增长 6.9%。

截至 2017 年年底，中亚各国的水电发电量均未超过 500 亿千瓦时（见图 2.23）。塔吉克斯坦水电发电量位居中亚首位，为 164 亿千瓦时，占中亚水电发电量的 30.9%（见图 2.24）。

中亚水电发电量变化不大

中亚水电发电量

↑ **6.9%**

塔吉克斯坦水电发电量位居中亚之首

塔吉克斯坦水电发电量占比

30.9%

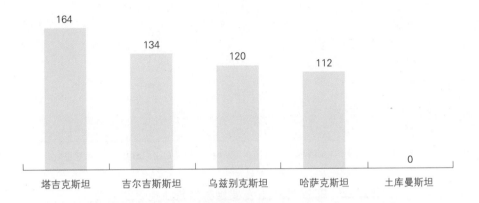

图 2.23　2017 年中亚主要国家水电发电量（单位：亿千瓦时）

数据来源：《可再生能源统计 2018》《水电现状报告 2018》

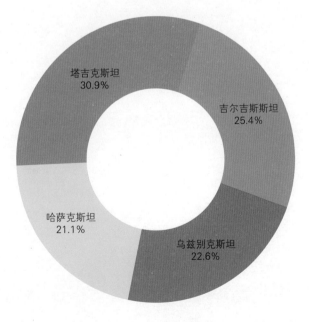

图 2.24　2017 年中亚主要国家水电发电量占比

2.1.4.2 常规水电现状

截至 2017 年年底，中亚常规水电装机容量 1292 万千瓦，比

中亚常规水电装机容量缓慢增长

中亚常规水电装机容量

↑ **1.2%**

2016 年增长 15 万千瓦，同比增长 1.2％，新增常规水电装机容量的 79.1％来自吉尔吉斯斯坦。

截至 2017 年年底，中亚各国中仅塔吉克斯坦的常规水电装机容量超过 500 万千瓦（见图 2.25），为 533 万千瓦，位居中亚首位，占中亚水电装机容量的 41.2％（见图 2.26）。

塔吉克斯坦常规水电装机容量位居中亚之首

塔吉克斯坦常规水电装机容量占比

41.2％

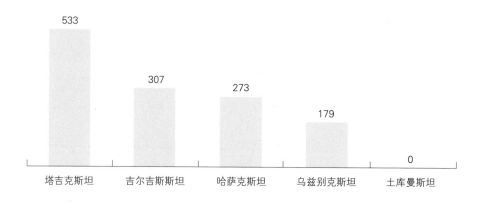

图 2.25 2017 年中亚主要国家常规水电装机容量
（单位：万千瓦）

数据来源：《可再生能源装机容量统计 2018》

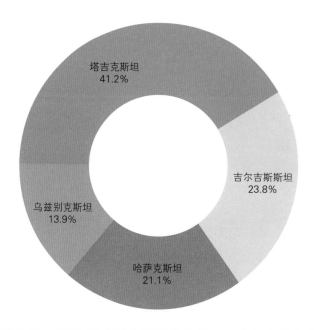

图 2.26 2017 年中亚主要国家常规水电装机容量占比

2.1.4.3 抽水蓄能现状

截至 2017 年年底，中亚各国暂无抽水蓄能装机容量数据。

2.1.5　西亚

2.1.5.1　水电现状

2.1.5.1.1　装机容量

截至 2017 年年底，西亚水电装机容量 3732 万千瓦，比 2016 年增长 79 万千瓦，同比增长 2.2%，新增水电装机容量的 75.2% 来自土耳其。

截至 2017 年年底，西亚各国中仅土耳其的水电装机容量超过 1000 万千瓦，为 2727 万千瓦（见图 2.27），占西亚水电装机容量的 73.1%（见图 2.28）。

西亚水电装机容量持续增长

西亚水电装机容量

↑**2.2%**

土耳其水电装机容量位居西亚之首

土耳其水电装机容量占比

73.1%

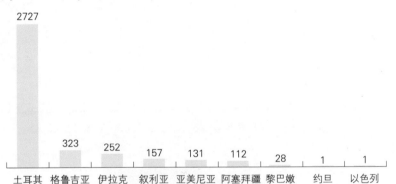

图 2.27　2017 年西亚主要国家水电装机容量（单位：万千瓦）

数据来源：《可再生能源装机容量统计 2018》

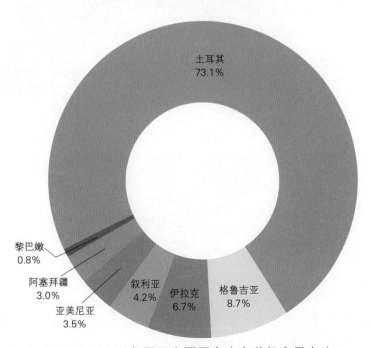

图 2.28　2017 年西亚主要国家水电装机容量占比

2.1.5.1.2 发电量

截至 2017 年年底，西亚水电发电量 809 亿千瓦时，比 2016 年减少 74 亿千瓦时，同比下降 8.4%。

截至 2017 年年底，西亚各国中仅土耳其的水电发电量超过 500 亿千瓦时（见图 2.29），为 592 亿千瓦时，占西亚水电发电量的 73.2%（见图 2.30）。

西亚水电发电量呈波动式增长

西亚水电发电量

8.4% ↓

土耳其水电发电量位居西亚之首

土耳其水电发电量占比

73.2%

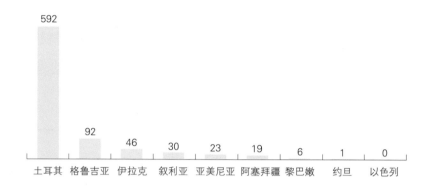

图 2.29　2017 年西亚主要国家水电发电量（单位：亿千瓦时）

数据来源：《可再生能源统计 2018》《水电现状报告 2018》

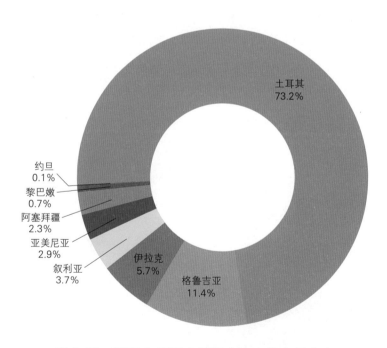

图 2.30　2017 年西亚主要国家水电发电量占比

2.1.5.2 常规水电现状

截至 2017 年年底，西亚常规水电装机容量 3708 万千瓦，比 2016 年增长 79 万千瓦，同比增长 2.2%，新增常规水电装机容量的 75.2% 来自土耳其。

截至 2017 年年底，西亚各国中仅土耳其的常规水电装机容量超过 1000 万千瓦，为 2727 万千瓦（见图 2.31），占西亚常规水电装机容量的 73.5%（见图 2.32）。

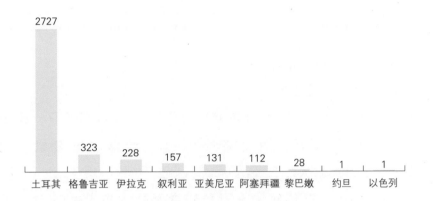

图 2.31 2017 年西亚主要国家常规水电装机容量
（单位：万千瓦）

数据来源：《可再生能源装机容量统计 2018》

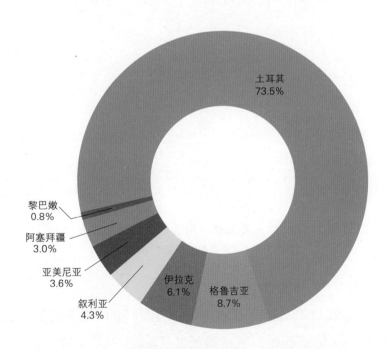

图 2.32 2017 年西亚主要国家常规水电装机容量占比

2.1.5.3 抽水蓄能现状

截至 2017 年年底，西亚各国中仅伊拉克开发建设了抽水蓄能电站，装机容量 24 万千瓦，与 2016 年持平。

西亚常规水电装机容量缓慢增长

西亚常规水电装机容量

↑ **2.2%**

土耳其常规水电装机容量位居西亚之首

土耳其常规水电装机容量占比

73.5%

2.2 美洲

2.2.1 北美

2.2.1.1 水电现状

2.2.1.1.1 装机容量

北美水电装机容量持续增长

北美水电装机容量

0.4% ↑

美国水电装机容量位居北美之首

美国水电装机容量占比

55.8%

截至 2017 年年底,北美水电装机容量 1.84 亿千瓦,比 2016 年增长 72 万千瓦,同比增长 0.4%,新增水电装机容量的 75.6% 来自加拿大。

截至 2017 年年底,美国和加拿大的水电装机容量均超过 1000 万千瓦(见图 2.33)。其中,美国水电装机容量占北美水电装机容量的 55.8%,加拿大水电装机容量占北美水电装机容量的 44.2%(见图 2.34)。

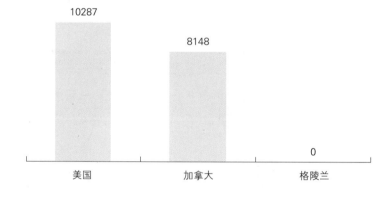

图 2.33 2017 年北美主要国家(地区)水电装机容量(单位:万千瓦)
数据来源:《可再生能源装机容量统计 2018》

2.2.1.1.2 发电量

北美水电发电量呈波动态势

北美水电发电量

8.7% ↑

加拿大水电发电量位居北美之首

加拿大水电发电量占比

57.3%

截至 2017 年年底,北美水电发电量 7038 亿千瓦时,比 2016 年增长 561 亿千瓦时,同比增长 8.7%。

截至 2017 年年底,加拿大和美国的水电发电量均超过 500 亿千瓦时(见图 2.35)。其中,加拿大水电发电量 4034 亿千瓦时,占北美水电发电量的 57.3%(见图 2.36),比 2016 年降低了 1.5 个百分点。

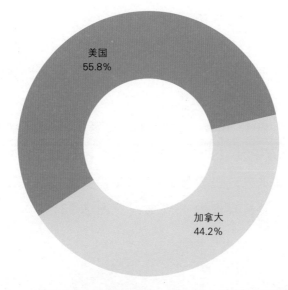

图 2.34   2017 年北美主要国家（地区）水电装机容量占比

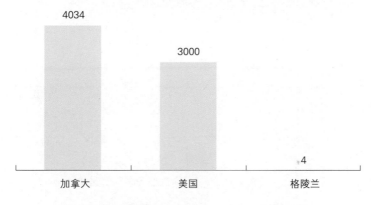

图 2.35   2017 年北美主要国家（地区）水电发电量（单位：亿千瓦时）

数据来源：《可再生能源统计 2018》《水电现状报告 2018》

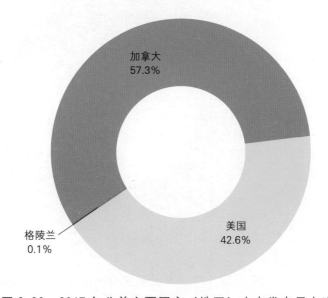

图 2.36   2017 年北美主要国家（地区）水电发电量占比

2.2.1.2 常规水电现状

北美常规水电装机容量趋于平稳

北美常规水电装机容量

0.4% ↑

加拿大常规水电装机容量位居北美之首

加拿大常规水电装机容量占比

50.4%

截至 2017 年年底，北美常规水电装机容量 1.61 亿千瓦，比 2016 年增长 69 万千瓦，同比增长 0.4%，新增常规水电装机容量的 78.9% 来自加拿大。

截至 2017 年年底，加拿大和美国的常规水电装机容量均超过 1000 万千瓦（见图 2.37）。其中，加拿大常规水电装机容量占北美常规水电装机容量的 50.4%，美国常规水电装机容量占北美常规水电装机容量的 49.6%（见图 2.38）。

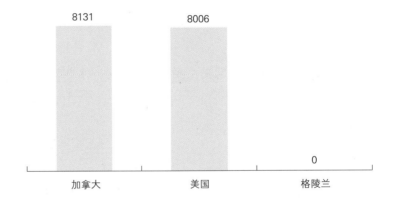

**图 2.37　2017 年北美主要国家（地区）常规水电装机
容量（单位：万千瓦）**

数据来源：《可再生能源装机容量统计 2018》

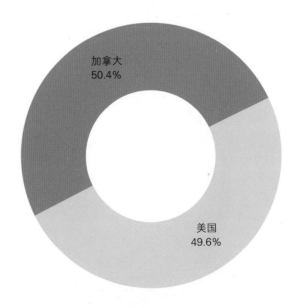

**图 2.38　2017 年北美主要国家（地区）常规
水电装机容量占比**

2.2.1.3　抽水蓄能现状

截至 2017 年年底，北美抽水蓄能装机容量 2298 万千瓦，比 2016 年增长 3 万千瓦，同比增长 0.1%，新增抽水蓄能装机容量全部来自美国。

截至 2017 年年底，美国抽水蓄能装机容量 2281 万千瓦，占北美抽水蓄能装机容量的 99.2%；比 2016 年增长 3 万千瓦，同比增长 0.1%。

2.2.2　拉丁美洲和加勒比

2.2.2.1　水电现状

2.2.2.1.1　装机容量

截至 2017 年年底，拉丁美洲和加勒比水电装机容量 1.87 亿千瓦，比 2016 年增长 427 万千瓦，同比增长 2.3%，新增水电装机容量的 79.4% 来自巴西。

截至 2017 年年底，巴西、委内瑞拉、墨西哥、哥伦比亚和阿根廷 5 个国家的水电装机容量均超过 1000 万千瓦（见图 2.39），占拉丁美洲和加勒比水电装机容量的 81.6%。其中，巴西水电装机容量占拉丁美洲和加勒比水电装机容量的 53.7%，比 2016 年下降了 0.2 个百分点，位居拉丁美洲和加勒比之首（见图 2.40）。

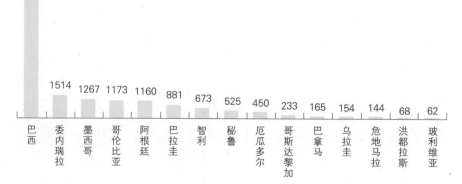

图 2.39　2017 年拉丁美洲和加勒比水电装机容量前 15 位国家
（单位：万千瓦）

数据来源：《可再生能源装机容量统计 2018》

北美抽水蓄能装机容量趋于平稳

北美抽水蓄能装机容量

↑ 0.1%

美国抽水蓄能装机容量位居北美之首

美国抽水蓄能装机容量占比

99.2%

拉丁美洲和加勒比水电装机容量持续增长

拉丁美洲和加勒比水电装机容量

↑ 2.3%

巴西水电装机容量位居拉丁美洲和加勒比之首

巴西水电装机容量占比

54.1%

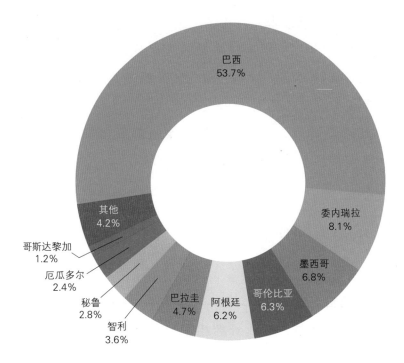

图 2.40　2017 年拉丁美洲和加勒比各国水电装机容量占比

2.2.2.1.2　发电量

拉丁美洲和加勒比水电发电量企稳回升

拉丁美洲和加勒比水电发电量

1.1%↑

巴西水电发电量位居拉丁美洲和加勒比之首

巴西水电发电量占比

51.9%

截至 2017 年年底，拉丁美洲和加勒比水电发电量 7727 亿千瓦时，比 2016 年增长 81 亿千瓦时，同比增长 1.1%。

截至 2017 年年底，巴西、委内瑞拉、巴拉圭和哥伦比亚 4 个国家的水电发电量均超过 500 亿千瓦时（见图 2.41），占拉丁

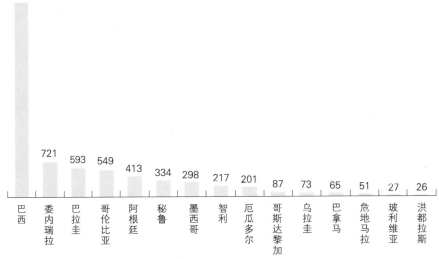

图 2.41　2017 年拉丁美洲和加勒比水电发电量前 15 位国家（单位：亿千瓦时）

数据来源：《可再生能源统计 2018》《水电现状报告 2018》

美洲和加勒比水电发电量的 76.0%。其中，巴西水电发电量
4011 亿千瓦时，占拉丁美洲和加勒比水电发电量的 51.9%（见
图 2.42），比 2016 年降低了 1.7 个百分点。

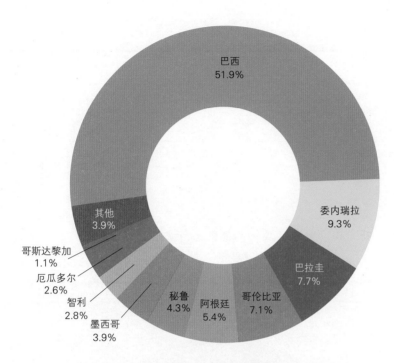

图 2.42　2017 年拉丁美洲和加勒比各国水电发电量占比

2.2.2.2　常规水电现状

截至 2017 年年底，拉丁美洲和加勒比常规水电装机容量
1.86 亿千瓦，比 2016 年增长 427 万千瓦，同比增长 2.3%，新
增常规水电装机容量的 79.4% 来自巴西。

截至 2017 年年底，巴西、委内瑞拉、墨西哥、哥伦比亚和
阿根廷 5 个国家的常规水电装机容量均超过 1000 万千瓦（见图
2.43），占拉丁美洲和加勒比水电装机容量的 81.0%。其中，巴
西常规水电装机容量占拉丁美洲和加勒比常规水电装机容量的
54.0%，比 2016 年下降了 0.1 个百分点（见图 2.44）。

2.2.2.3　抽水蓄能现状

截至 2017 年年底，拉丁美洲和加勒比各国中仅阿根廷开发
建设了抽水蓄能电站，自 2008 年以来，装机容量始终保持为 97
万千瓦。

**拉丁美洲和加勒比
常规水电装机容量
持续增长**

拉丁美洲和加勒比
常规水电装机容量

↑ **2.3%**

**巴西常规水电装机容
量位居拉丁美洲和加
勒比之首**

巴西常规水电
装机容量占比

54.0%

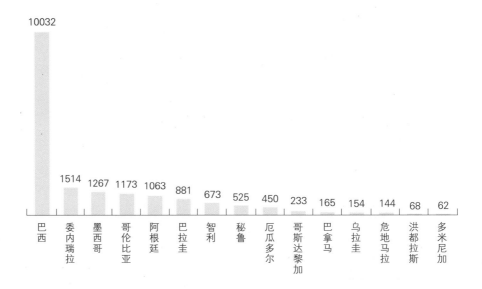

图 2.43　2017 年拉丁美洲和加勒比常规水电装机容量
前 15 位国家（单位：万千瓦）

数据来源：《可再生能源装机容量统计 2018》

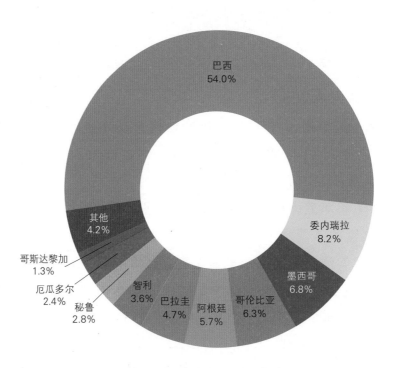

图 2.44　2017 年拉丁美洲和加勒比各国
常规水电装机容量占比

2.3 欧洲

2.3.1 水电现状

2.3.1.1 装机容量

截至 2017 年年底，欧洲水电装机容量 2.70 亿千瓦。欧洲水电装机容量比 2016 年增长 170 万千瓦，同比增长 0.6%，新增水电装机容量的 25.6% 来自奥地利。

截至 2017 年年底，欧洲各国水电装机容量超过 1000 万千瓦的国家有 9 个，包括俄罗斯、挪威、法国、意大利、西班牙、瑞典、瑞士、奥地利和德国（见图 2.45），9 个国家水电装机容量之和占欧洲水电装机容量的 77.1%。其中，俄罗斯水电装机容量占欧洲水电装机容量的 19.1%，位居欧洲各国之首（见图 2.46）。

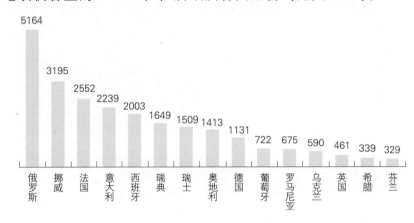

图 2.45　2017 年欧洲水电装机容量前 15 位国家（单位：万千瓦）

数据来源：《可再生能源装机容量统计 2018》

2.3.1.2 发电量

截至 2017 年年底，欧洲水电发电量 7180 亿千瓦时，比 2016 年减少 428 亿千瓦时，同比下降 5.6%。

截至 2017 年年底，俄罗斯、挪威、瑞典和法国 4 个国家的水电发电量均超过 500 亿千瓦时（见图 2.47），占欧洲水电发电量的 61.1%。其中，俄罗斯水电发电量占欧洲水电发电量的 24.9%，位居欧洲之首（见图 2.48）。

欧洲水电装机容量持续增长

欧洲水电装机容量

↑ **0.6%**

俄罗斯水电装机容量位居欧洲之首

俄罗斯水电装机容量占比

19.1%

欧洲水电发电量呈波动态势

欧洲水电发电量

↓ **5.6%**

俄罗斯水电发电量位居欧洲之首

俄罗斯水电发电量占比

24.9%

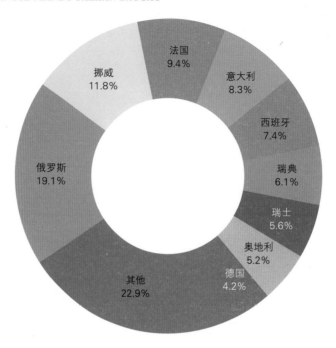

图 2.46　2017 年欧洲各国水电装机容量占比

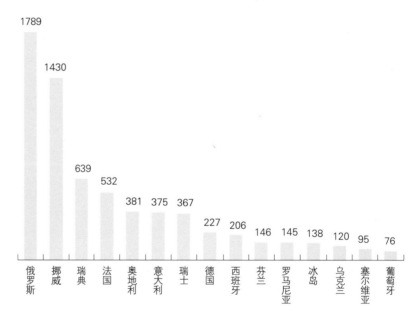

图 2.47　2017 年欧洲水电发电量前 15 位国家（单位：亿千瓦时）

数据来源：《可再生能源统计 2018》《水电现状报告 2018》

欧洲常规水电装机容量持续增长

欧洲常规水电装机容量

0.7% ↑

2.3.2　常规水电现状

　　截至 2017 年年底，欧洲常规水电装机容量 2.41 亿千瓦，比 2016 年增长 170 万千瓦，同比增长 0.7%，新增常规水电装机容量的 25.6% 来自奥地利。

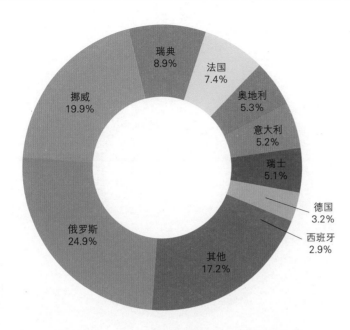

图 2.48　2017 年欧洲各国水电发电量占比

截至 2017 年年底，欧洲常规水电装机容量超过 1000 万千瓦的国家有 8 个，包括俄罗斯、挪威、法国、意大利、西班牙、瑞典、瑞士和奥地利（见图 2.49），8 个国家常规水电装机容量之和占欧洲常规水电装机容量的 77.2%。其中，俄罗斯常规水电装机容量占欧洲常规水电装机容量的 20.8%，比 2016 年下降了 2.8 个百分点，位居欧洲之首（见图 2.50）。

俄罗斯常规水电装机容量位居欧洲之首

俄罗斯常规水电装机容量占比

20.8%

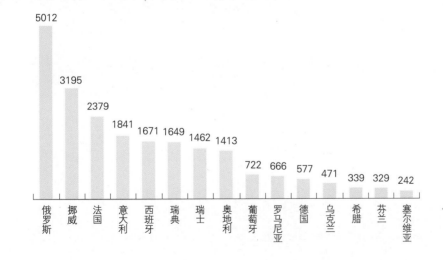

图 2.49　2017 年欧洲常规水电装机容量前 15 位国家
（单位：万千瓦）

数据来源：《可再生能源装机容量统计 2018》

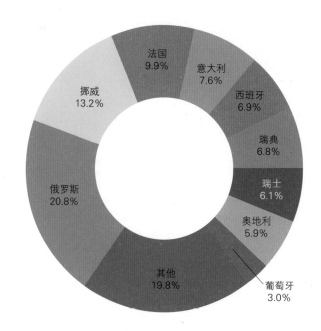

图 2.50　2017 年欧洲各国常规水电装机容量占比

2.3.3　抽水蓄能现状

**欧洲抽水蓄能装机
容量**

与上一年度持平

**德国抽水蓄能装机容
量位居欧洲之首**

德国抽水蓄能装机
容量占比

19.1%

截至 2017 年年底，欧洲抽水蓄能装机容量 2905 万千瓦，与 2016 年持平。

截至 2017 年年底，德国抽水蓄能装机容量 554 万千瓦（见图 2.51），占欧洲抽水蓄能装机容量的 19.1%，位居欧洲之首（见图 2.52）。

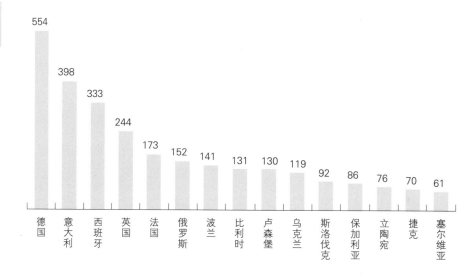

图 2.51　2017 年欧洲抽水蓄能装机容量前 15 位国家（单位：万千瓦）

数据来源：《可再生能源装机容量统计 2018》

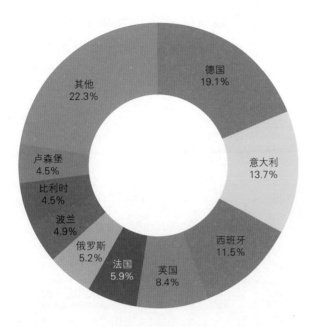

图 2.52　2017 年欧洲各国抽水蓄能装机容量占比

2.4　非洲

2.4.1　水电现状

2.4.1.1　装机容量

截至 2017 年年底，非洲水电装机容量 3520 万千瓦，比 2016 年增长 212 万千瓦，同比增长 6.4%，新增水电装机容量的 65.2% 来自安哥拉。

截至 2017 年年底，埃塞俄比亚和南非的水电装机容量均超过 300 万千瓦（见图 2.53），占非洲水电装机容量的 20.6%。其中，埃塞俄比亚水电装机容量占非洲水电装机容量的 10.8%，比 2016 年回落了 0.9 个百分点，位居非洲之首（见图 2.54）。

2.4.1.2　发电量

截至 2017 年年底，非洲水电发电量 1310 亿千瓦时，比 2016 年新增 236 亿千瓦时，同比增长 22.0%。

截至 2017 年年底，莫桑比克、赞比亚和埃及的水电发电量均超过 100 亿千瓦时（见图 2.55），占非洲水电发电量的 31.1%。其

非洲水电装机容量
持续增长

非洲水电装机容量

↑6.4%

埃塞俄比亚水电装机
容量位居非洲之首

埃塞俄比亚水电装机
容量占比

10.8%

非洲水电发电量呈波
动态势

非洲水电发电量

↑22.0%

中，莫桑比克水电发电量占非洲水电发电量的 10.5%，比 2016 年提升了 0.7 个百分点，位居非洲之首（见图 2.56）。

莫桑比克水电发电量
位居非洲之首

莫桑比克水电发
电量占比

10.5%

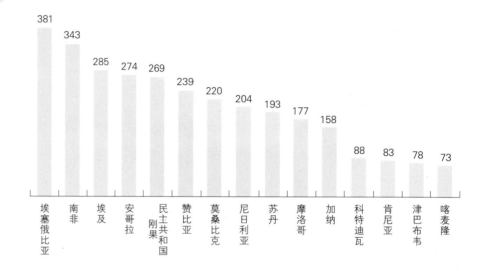

图 2.53　2017 年非洲水电装机容量前 15 位国家

（单位：万千瓦）

数据来源：《可再生能源装机容量统计 2018》

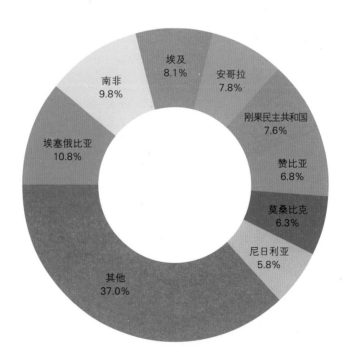

图 2.54　2017 年非洲各国水电装机容量占比

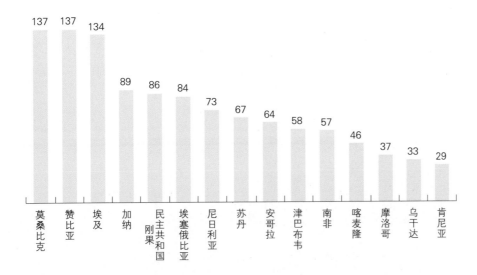

图 2.55　2017 年非洲水电发电量前 15 位国家（单位：亿千瓦时）
数据来源：《可再生能源统计 2018》《水电现状报告 2018》

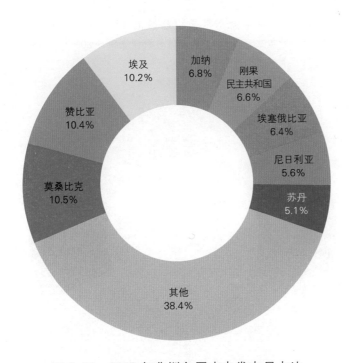

图 2.56　2017 年非洲各国水电发电量占比

2.4.2　常规水电现状

　　截至 2017 年年底，非洲常规水电装机容量 3200 万千瓦，比 2016 年增长 212 万千瓦，同比增长 7.1%，新增常规水电装机容量的 65.2% 来自安哥拉。

非洲常规水电装机容量持续增长

非洲常规水电装机容量

↑**7.1%**

埃塞俄比亚常规水电装机容量位居非洲之首

埃塞俄比亚常规水电装机容量占比

11.9%

截至 2017 年年底，非洲各国中仅埃塞俄比亚的常规水电装机容量超过 300 万千瓦（见图 2.57），占非洲常规水电装机容量的 11.9%，比 2016 年下降了 1.1 个百分点，位居非洲之首（见图 2.58）。

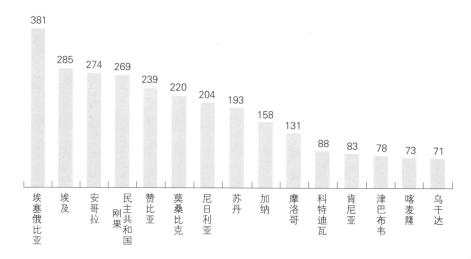

图 2.57 2017 年非洲常规水电装机容量前 15 位国家（单位：万千瓦）
数据来源：《可再生能源装机容量统计 2018》

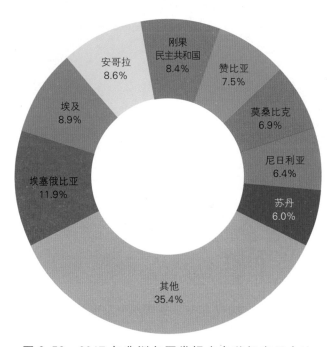

图 2.58 2017 年非洲各国常规水电装机容量占比

非洲抽水蓄能装机容量

与 2016 年持平

2.4.3 抽水蓄能现状

截至 2017 年年底，非洲抽水蓄能装机容量 320 万千瓦，与 2016 年持平。

截至 2017 年年底，非洲各国中仅南非和摩洛哥开发建设了抽水蓄能电站。其中，南非抽水蓄能装机容量占非洲抽水蓄能装机容量的 85.5%。截至 2017 年年底，南非抽水蓄能装机容量 273 万千瓦，与 2016 年持平。

南非抽水蓄能装机容量位居非洲之首

南非抽水蓄能装机容量占比

85.5%

2.5 大洋洲

2.5.1 水电现状

2.5.1.1 装机容量

截至 2017 年年底，大洋洲水电装机容量 1461 万千瓦，与 2016 年持平。

截至 2017 年年底，澳大利亚和新西兰的水电装机容量均超过 500 万千瓦（见图 2.59），占大洋洲水电装机容量的 96.2%。其中，澳大利亚水电装机容量占大洋洲水电装机容量的 59.7%，位居大洋洲之首（见图 2.60）。

大洋洲水电装机容量增长缓慢

大洋洲水电装机容量与上一年度持平

澳大利亚水电装机容量位居大洋洲之首

澳大利亚水电装机容量占比

59.7%

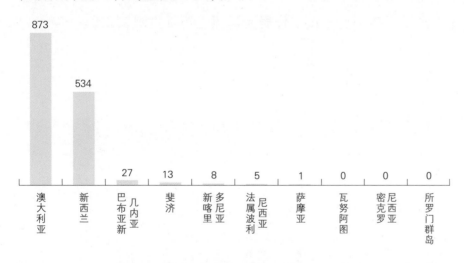

图 2.59 2017 年大洋洲主要国家（地区）水电装机容量（单位：万千瓦）

数据来源：《可再生能源装机容量统计 2018》

2.5.1.2 发电量

截至 2017 年年底，大洋洲水电发电量 405 亿千瓦时，比 2016 年下降 36 亿千瓦时，同比下降 8.2%。

大洋洲水电发电量呈波动态势

大洋洲水电发电量

↓8.2%

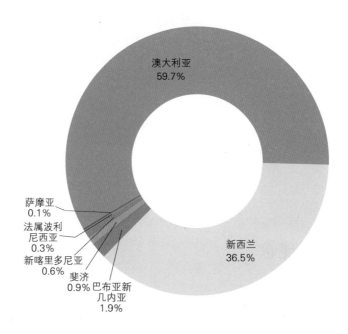

图 2.60　2017 年大洋洲主要国家（地区）
水电装机容量占比

**新西兰水电发电量位
居大洋洲之首**

新西兰水电发电量占比
61.7%

　　截至 2017 年年底，新西兰和澳大利亚的水电发电量均超过 100 亿千瓦时（见图 2.61），占大洋洲水电发电量的 95.4%。其中，新西兰水电发电量占大洋洲水电发电量的 61.7%，比 2016 年上升了 4.7 个百分点，位居大洋洲之首（见图 2.62）。

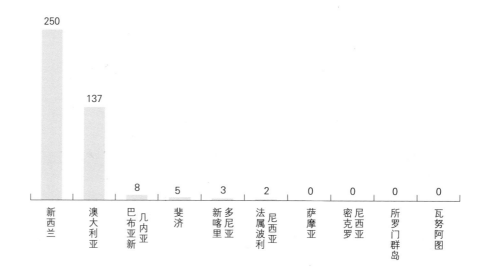

图 2.61　2017 年大洋洲主要国家（地区）
水电发电量（单位：亿千瓦时）
数据来源：《可再生能源统计 2018》《水电现状报告 2018》

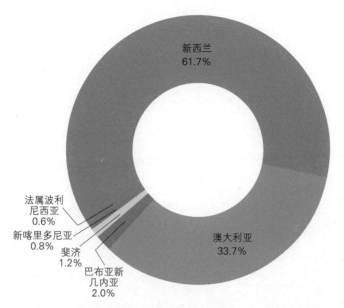

图 2.62　2017 年大洋洲主要国家（地区）水电发电量占比

2.5.2　常规水电现状

截至 2017 年年底，大洋洲常规水电装机容量 1320 万千瓦，与 2016 年持平。

截至 2017 年年底，澳大利亚和新西兰的常规水电装机容量均超过 500 万千瓦（见图 2.63），占大洋洲常规水电装机容量的 95.9%。其中，澳大利亚常规水电装机容量占大洋洲常规水电装机容量的 55.4%，比 2016 年下降了 0.3 个百分点，位居大洋洲之首（见图 2.64）。

大洋洲常规水电装机容量增长缓慢

大洋洲常规水电装机容量与上一年度持平

澳大利亚常规水电装机容量位居大洋洲之首

澳大利亚常规水电装机容量占比

55.4%

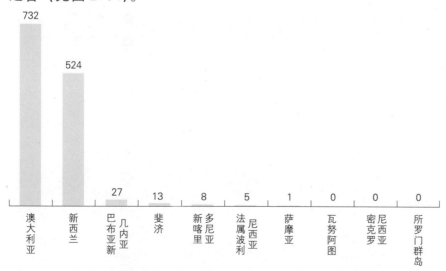

图 2.63　2017 年大洋洲主要国家（地区）常规水电装机容量（单位：万千瓦）

数据来源：《可再生能源装机容量统计 2018》

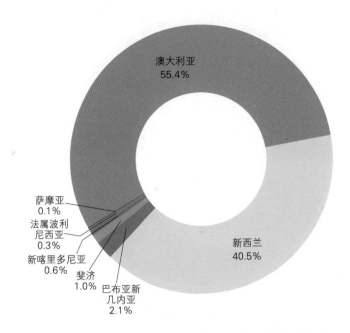

图 2.64 2017 年大洋洲主要国家（地区）常规水电装机容量占比

2.5.3 抽水蓄能现状

截至 2017 年年底，大洋洲各国（地区）中仅澳大利亚开发建设了抽水蓄能电站，装机容量 141 万千瓦，与 2016 年持平。

3

典型国家水电行业发展概况

3.1.1 水电现状

3.1.1.1 装机容量

截至 2017 年年底，美国水电装机容量 10287 万千瓦，比 2016 年增长 18 万千瓦。2006—2017 年，美国水电装机容量持续增长，年均增长 33 万千瓦，年均增速 0.3%。2009 年，美国水电装机容量同比增速 0.9%，为 2006 年以来的最高水平；2017 年，美国水电装机容量同比增速 0.2%，低于 2006 年以来的平均水平（见图 3.1）。

> **美国水电装机容量占全国总装机容量的 9.5%**
>
> 美国水电装机容量趋于平稳
>
> ↑ **0.2%**

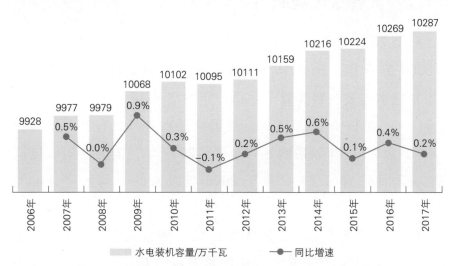

图 3.1　2006—2017 年美国水电装机容量及同比变化

数据来源：《可再生能源装机容量统计 2018》

3.1.1.2　发电量

　　2017 年，美国水电发电量 3000 亿千瓦时，比 2016 年新增水电发电量 322 亿千瓦时。2006—2017 年，美国水电发电量变化不大，年均增长 10 亿千瓦时，年均增速 0.3%。2011 年，美国水电发电量同比增速 22.7%，为 2006 年以来的最高水平；2017 年，美国水电发电量同比增速 12.0%，为 2006 年以来的次高水平（见图 3.2）。

图 3.2　2006—2017 年美国水电发电量及同比变化
数据来源：《可再生能源装机容量统计 2018》《水电现状报告 2018》

3.1.2　常规水电现状

　　截至 2017 年年底，美国常规水电装机容量居全球第四位，为 8006 万千瓦，比 2016 年增长 15 万千瓦。2006—2017 年，美国常规水电装机容量趋于平稳，年均增长 12 万千瓦，年均增速 0.1%。2013 年、2014 年，美国常规水电装机容量同比增速 0.6%，为 2006 年以来的最高水平；2017 年，美国常规水电装机容量同比增速 0.2%，高于 2006 年以来的平均水平（见图 3.3）。

　　截至 2017 年年底，美国共有 2242 个常规水电站，常规水电总装机容量 8006 万千瓦，占美国总装机容量的 7.4%。2006—2017 年，美国常规水电装机容量增加了 127 万千瓦，其中 70%

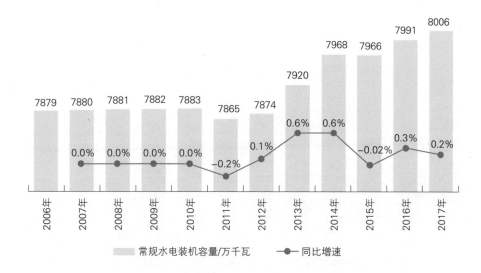

图3.3　2006—2017年美国常规水电装机容量及同比变化
数据来源：《可再生能源装机容量统计2018》

的新增装机容量来自现有机组的升级改造。2006—2017年，118座新建水电站开始投产运营。其中，113座是在非发电坝（40座）或引水式电站（73座）中增加了发电设备；其余5座为西北地区新溪流计划（New Stream‐Reach Development，NSD）的水电项目，主要位于阿拉斯加州。这5座新溪流计划新建电站的单站装机容量较小，美国市政电力公司（American Municipal Power Inc.）负责开发其中装机容量较大的4个水电站，即位于俄亥俄河（Ohio River）的非发电坝：Meldahl（10.5万千瓦）、Cannelton（8.8万千瓦）、Smithland（7.6万千瓦）和Willow Island（4.4万千瓦）。从空间区域上，2017年美国西北地区水电发电量约占全国水电发电量的50%。

3.1.3　抽水蓄能现状

　　截至2017年年底，美国抽水蓄能装机容量居全球第二位，为2281万千瓦，比2016年增长3万千瓦。2008—2017年，美国抽水蓄能装机容量变化趋于平稳，年均增加12万千瓦，年均增速0.6%。2007年，美国抽水蓄能装机容量同比增速2.0%，为2006年以来的最高水平；2017年，美国抽水蓄能装机容量同比增速0.1%，低于2006年以来的平均水平（见图3.4）。

美国已建抽水蓄能电站43座，装机容量占全国总装机容量的2.1%

美国抽水蓄能装机容量
↑0.1%

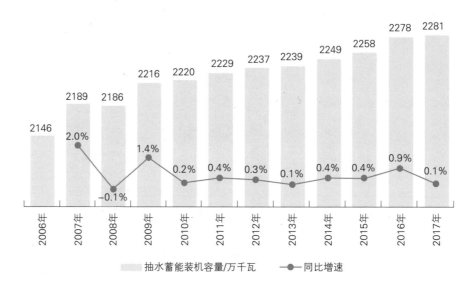

图 3.4　2006—2017 年美国抽水蓄能装机容量及同比变化

数据来源：《可再生能源装机容量统计 2018》

受核准过程和水电经济可开发量等因素影响，2006 年至今，美国新增抽水蓄能装机容量为 207.4 万千瓦。2017 年，美国仅 1 座新建抽水蓄能电站投产运营，装机容量为 4 万千瓦；其余均为现有发电机组的增效扩容。

3.1.4　电力市场与设备

抽水蓄能电站能够在送端电网发挥高效调节作用，在受端电网快速削峰填谷，能促进清洁能源大范围输送和消纳。抽水蓄能电站在间歇式新能源大规模接入电网、电力系统智能化程度越来越高的趋势下，将扮演越来越重要的角色。

根据《水电市场报告 2017》，美国通过提高水电机组的爬坡能力和提升调峰填谷、调频、黑启动等电网服务功能，提高了电网稳定性和快速响应能力。水电在区域输电组织（RTOs）或独立系统运营商（ISOs）电力市场中供电较为灵活，发电量可随用电需求灵活调整。一般规律为秋冬季早晨和傍晚水电发电量达到峰值，夏季上午至傍晚水电发电量保持稳定。

2005—2016 年，美国水电机组容量因子（capacity factor，即每年实际发电量与额定最大发电量的比率）的中位数为 38.1%；约 20% 水电机组的容量因子在 25%～75% 之间；老电站的容量因子一般较高，新电站则相反。调峰电站的容量因子一般位于中低水平。由于运行方式的差异，可逆式抽水蓄能机组的容量因子一般低于其他类型机组。

3.1.5 政策与市场驱动力

3.1.5.1 水电激励政策

截至 2017 年年底，美国已修订了常规水电站和抽水蓄能电站授权程序的多项法案，旨在缩短授权时间、降低授权成本、提高申请通过率。修订内容涉及原许可证授权流程的各个阶段，包括美国水电发展规划的大部分项目类型（非发电坝、引水式电站、纯抽水蓄能电站）和已建项目现有许可证的临期换证。表 3.1 梳理了截至 2017 年年底，美国国家法案中有关联邦水电许可证授权过程的修订内容。

表 3.1　截至 2017 年年底美国水电许可证授权过程修订相关法案

法 案 名 称	目 的	状 态
众议院法案 H.R. 3043《2017 年水电政策现代化法案》（《Hydropower Policy Modernization Act of 2017》）	修改可再生能源概念，将水电纳入可再生能源范畴（适用于所有联邦计划）；指定美国联邦能源管理委员会作为颁发许可证的管理机构，协调所有联邦授权，并依据《国家环境政策法》（《National Environmental Policy Act》）开展评价；改进听证程序；通过汇编最佳实践案例，避免重复研究，改进授权过程；简化项目升级改造许可证的申请程序	通过
众议院法案 H.R. 2274《水电许可延长法案或宣传法案》（《Hydropower Permit Extension Act or HYPE Act》）	首次申请许可证的最长期限由 3 年延长至 4 年（如果效果较好，未来可能再延长 4 年）；从美国联邦能源管理委员会核准项目到开工建设的最长时间由 2 年延长至 8 年	通过
参议院法案 S.724（促进水电核准授权现代化的《联邦电力法》修正案）（A bill to amend the《Federal Power Act》to modernize authorizations for necessary hydropower apprwals）		发布
众议院法案 H.R. 2872《促进现有无动力水坝的水电开发法案》（《Promoting Hydropower Development at Existing Nonpowered Dams Act》）	建立针对非水电坝的非联邦水电许可证快速颁发程序，确保 2 年内完成申请及批准过程	通过
众议院法案 H.R. 2880《推进封闭式抽水蓄能水电法案》（《Promoting Closed-Loop Pumped Storage Hydropower Act》）	建立纯抽水蓄能电站的快速许可程序，确保 2 年内完成申请及批准的过程；研究利用废弃矿井建设抽水蓄能电站的可行性	通过

续表

法 案 名 称	目 的	状态
参议院法案 S. 1029 （一项修订 1978 年《公共管理政策法案》的法案，该法案豁免了某些小型水电项目，这些项目正根据《联邦电力法》申请重新许可，不受该法案的许可要求限制） （A bill to amend the 《Public Regulatory Policies Act》 of 1978 to exempt certain small hydroelectric power projects that are applying for relicensing under the 《Federal Power Act》 from the licensing requirements of that act）	许可证重新申请过程中，对于装机容量小于 1 万千瓦，或装机容量小于 1.5 万千瓦、1991 之后发放许可证，且不在濒危物种保护区范围内的小型水电项目，可豁免重新申请许可	发布
众议院法案 H. R. 2786 （修订《联邦电力法》中有关标准和程序的规定，使之符合合格的水管水电设施） （To amend the 《Federal Power Act》 with respect to the criteria and process to qualify as a qualifying conduit hydropower facility）	减少美国联邦能源管理委员会关于引水式电站认证的公示时间，计划由 45 天缩至 30 天；并提高引水式电站认证的限制规模	通过
众议院法案 H. R. 1967 《垦务局抽水蓄能水电开发法案》 （《Bureau of Reclamation Pumped Storage Hydropower Development Act》）	修订《垦务工程法》 （1939 年通过），授权对垦务局管辖的水库进行非联邦抽水蓄能项目开发	通过

注 截至 2018 年 4 月，表中法案状态未发生改变。

根据《水电市场报告 2017》，过去 20 年间，美国联邦层面很多水电经济激励政策已过期失效。例如，美国清洁可再生能源债券（CREB）可降低新建水电项目的资金成本；但是，自 2018 年 1 月 1 日起，《减税与就业法案》（《Tax Cuts and Jobs Act》）结束了该债券的发行。

为了促进水电发展，美国政府采取了一系列水电激励政策。《可再生电力税负平衡法案》（H. R. 4137）[《Renewable Electricity Tax Credit Equalization Act (H. R. 4137)》]建议恢复原有水电联邦生产和投资税收减免政策。2014—2017 年，美国能源部在国会授权下，依据 2005 年的《能源政策法案》（《Energy Policy Act》）第 242 条向非发电坝和引水式电站开发商支付了 1410 万美元（9520 万元）的奖励基金。

美国水电一项重要的激励政策是可再生能源配额制（含水电）（RPS）。实施配额制的各州，水电可享受可再生能源证书（REC）的优惠价格，但近年来这项政策的支持力度大幅下降。例如，2015 年马萨诸塞州Ⅰ类可再生能源证书的价格为每千瓦时 0.06 美元（0.405 元），2017 年降至每千瓦时

0.02 美元（0.135 元），降幅高达 67%。美国多个州享受可再生能源证书优惠价格的水电占比较小，这是美国水电投资的主要制约因素。

3.1.5.2 市场驱动力

根据《水电现状报告 2018》，美国水电发展的主要驱动力是较强的灵活性和大规模投资电站升级改造项目；2017 年，美国虽然没有新建大型水电项目，但是，通过已建项目的升级改造，新增装机容量 14 万千瓦。

根据《水电现状报告 2018》，2017 年，美国众议院批准两项提案，旨在推动抽水蓄能电站的发展，并增加现有非水电坝的发电能力。预计 2027 年这两项提案将耗资 20 亿美元（135 亿元），创造 2000 余个就业岗位。

根据 2018 年美国政府拨款法案，美国能源部水力技术办公室将创纪录地获得 1.05 亿美元（7.1 亿元）拨款，其中 3500 万美元（23631.3 万元）用于抽水蓄能电站项目。

3.2 巴西

3.2.1 水电现状

3.2.1.1 装机容量

截至 2017 年年底，巴西水电装机容量 10032 万千瓦，比 2016 年增长 339 万千瓦。2008—2017 年，巴西水电装机容量持续增长，年均增长 253 万千瓦，年均增速 2.9%。2016 年，巴西水电装机容量同比增速 5.8%，为 2008 年以来的最高水平；2017 年，巴西水电装机容量同比增速 3.5%，高于 2008 年以来的平均水平（见图 3.5）。

3.2.1.2 发电量

截至 2017 年年底，巴西水电发电量 4011 亿千瓦时，比 2016 年减少 91 亿千瓦时。2008—2017 年，巴西水电发电量呈波动态

巴西水电装机容量持续增长

巴西水电装机容量
↑ **3.5%**

巴西水电发电量呈波动态势

巴西水电发电量
↓ **2.2%**

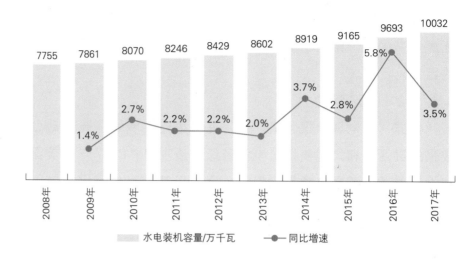

图 3.5   2008—2017 年巴西水电装机容量及同比变化
数据来源：《可再生能源装机容量统计 2018》

势变化，年均增长 35 亿千瓦时，年均增速 0.9%。2016 年，巴西水电发电量同比增速 14.0%，为 2008 年以来的最高水平；2017 年，巴西水电发电量同比下降 2.2%，低于 2008 年以来的平均水平（见图 3.6）。

图 3.6   2008—2017 年巴西水电发电量及同比变化
数据来源：《可再生能源装机容量统计 2018》《水电现状报告 2018》

巴西常规水电装机容量持续增长

巴西常规水电装机容量
3.5% ↑

3.2.2   常规水电现状

截至 2017 年年底，巴西常规水电装机容量 10032 万千瓦，比 2016 年增长 339 万千瓦。2008—2017 年，巴西常规水电装机容量持续增长，年均增长 253 万千瓦，年均增速 2.9%。2016

年，巴西常规水电装机容量同比增速 5.8%，为 2008 年以来的最高水平；2017 年，巴西常规水电装机容量同比增速 3.5%，高于 2008 年以来的平均水平（见图 3.7）。

图 3.7　2008—2017 年巴西常规水电装机容量及同比变化
数据来源：《可再生能源装机容量统计 2018》

3.2.3　水电开发管理

根据《水电现状报告 2018》，巴西水电装机容量占南美地区的 2/3，占巴西电力总装机容量的 64%，满足国内超过 3/4 的电力需求。由于水电企业以国有企业为主，电力行业近年来一直面临财务困境。当部分水电站的特许经营权到期后，政府将其经营许可拍卖出售。2017 年 9 月，巴西政府公开拍卖了塞米克公司（CEMIG）的 4 家水电站经营权。法国苏伊士环能集团（Engie）获得装机容量 42.4 万千瓦的雅瓜拉（Jaguara）电站和装机容量 40.8 万千瓦的米兰达（Miranda）电站的经营权，意大利国家电力公司（Enel）获得装机容量 38 万千瓦的沃尔塔格兰德（Volta Grande）电站的经营权，中国国家电力投资集团获得装机容量 171 万千瓦的圣西芒（São Simão）电站的经营权。巴西本届政府致力于能源市场革新，旨在吸引私营资本投资的参与。计划采取的措施包括：向私营投资开放市场，逐渐取消可再生能源补贴，最大限度地保持能源价格与电站运行的一致性等。例如，巴西矿业能源部正在计划对国家电力公司（Eletrobras）进行私有化，改制工作预计于 2018 年获得批准。

随着巴西分散式可再生能源的兴起，列入矿业能源部 10 年规划中的大型水电项目逐年递减。位于巴西北部装机容量 1120 万千瓦的贝罗蒙特（Belo Monte）水电站可能是该国最后一个大型水电项目。建成后，贝罗蒙特水电站将成为全球第三大水电站。2016 年，首台涡轮发电机组投入运营，预计 2020 年实现全面运营。目前，水电站升级改造是巴西水电行业的重点工作，包括 1973 年修建的伊利亚索尔泰拉（Ilha Solteira）水电站，装机容量为 344 万千瓦；1969 年修建的朱比亚（Jupia）水电站，装机容量为 155.1 万千瓦。此外，1984 年修建的伊泰普（Itaipu）水电站也将投资 5 亿美元（33.8 亿元），用于为期 10 年的电站加固工作。

3.3   加拿大

3.3.1   水电现状

3.3.1.1   装机容量

加拿大水电装机容量趋于平稳

加拿大水电装机容量
0.7% ↑

截至 2017 年年底，加拿大水电装机容量 8148 万千瓦，比 2016 年增长 54 万千瓦。2008—2017 年，加拿大水电装机容量变化趋于平稳，年均增长 78 万千瓦，年均增速 1.0%。2015 年，加拿大水电装机容量同比增速 5.1%，为 2008 年以来的最高水平；2017 年，加拿大水电装机容量同比增速 0.7%，低于 2008 年以来的平均水平（见图 3.8）。

3.3.1.2   发电量

加拿大水电发电量停止下降

加拿大水电发电量
6.2% ↑

截至 2017 年年底，加拿大水电发电量 4034 亿千瓦时，比 2016 年增长 238 亿千瓦时。2008—2017 年，加拿大水电发电量变化不大，年均增长 29 亿千瓦时，年均增速 0.7%。2011 年，加拿大水电发电量同比增速 6.9%，为 2008 年以来的最高水平；2017 年，加拿大水电发电量同比增速 6.2%，为 2008 年以来的次高水平（见图 3.9）。

图 3.8　2008—2017 年加拿大水电装机容量及同比变化

数据来源：《可再生能源装机容量统计 2018》

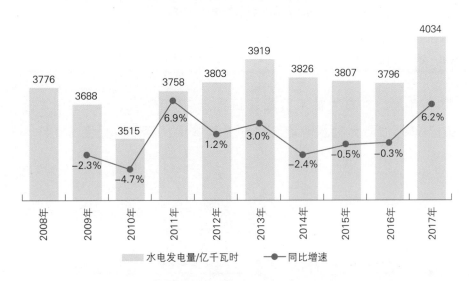

图 3.9　2008—2017 年加拿大水电发电量及同比变化

数据来源：《可再生能源装机容量统计 2018》《水电现状报告 2018》

3.3.2　常规水电现状

　　截至 2017 年年底，加拿大常规水电装机容量 8130 万千瓦，比 2016 年增长 54 万千瓦。2008—2017 年，加拿大常规水电装机容量变化趋于平稳，年均增长 78 万千瓦，年均增速 1.0%。2015 年，加拿大常规水电装机容量同比增速 5.1%，为 2008 年以来的最高水平；2017 年，加拿大常规水电装机容量同比增速 0.7%，低于 2008 年以来的平均水平（见图 3.10）。

加拿大常规水电装机容量趋于平稳

加拿大常规水电装机容量

↑ **0.7%**

图 3.10 2008—2017 年加拿大常规水电装机容量及同比变化

数据来源：《可再生能源装机容量统计 2018》

3.3.3 抽水蓄能现状

截至 2017 年年底，加拿大抽水蓄能装机容量 17 万千瓦，与 2016 年持平。2008—2017 年，加拿大抽水蓄能装机容量基本保持不变（见图 3.11）。

图 3.11 2008—2017 年加拿大抽水蓄能装机容量及同比变化

数据来源：《可再生能源装机容量统计 2018》

3.3.4 水电发展趋势

根据加拿大国家能源办公室发布的《加拿大能源前景 2017》，2040 年加拿大各类能源装机容量增加与减少情况预测见图 3.12。与 2016 年相比，

2040 年各类能源总装机容量将增长 5400 万千瓦。其中，天然气发电、风电和水电装机容量增长最快，这 3 类电源装机容量的增量占总装机容量增量的 85％。传统化石燃料发电的装机容量呈下降趋势。

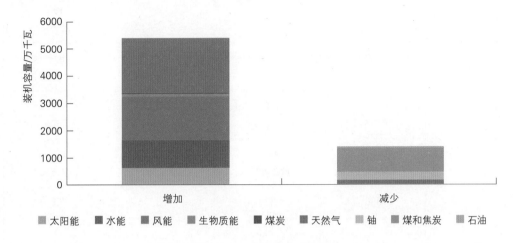

图 3.12　2040 年加拿大各类能源装机容量增加与减少情况预测
数据来源：《加拿大能源前景 2017》

2040 年之前，水电仍是加拿大主要的电力供应来源（见表 3.2）。水电具有开发灵活性高、运行阶段温室气体的排放量少、发电成本稳定等优势。依靠水电的储能特性和按需输出电量的调节优势，加拿大的水电促进了风电、太阳能发电等间歇性可再生资源的开发。2016 年，加拿大水电装机容量为 8094 万千瓦，预计 2040 年将增至 8920 万千瓦。2016 年，加拿大水电发电量为 3796 亿千瓦时，通过增效扩容计划，预计 2040 年水电发电量将增至 4130 亿千瓦时。但是，由于风能和天然气等其他发电方式的迅速发展，水电在加拿大全国能源结构中的占比将从 2016 年的 58.3％降至 2040 年的 56.4％。

表 3.2　加拿大 2016 年与 2040 年各类能源装机容量及发电量对比

能源	装机容量/万千瓦		发电量/亿千瓦时	
	2016 年	2040 年	2016 年	2040 年
水电	8094 （55.0％）	8920 （48.0％）	3796 （58.3％）	4130 （56.4％）
风能	1190 （8.1％）	2660 （14.3％）	284 （4.4％）	694 （9.5％）
太阳能	230 （1.6％）	860 （4.6％）	36 （0.6％）	130 （1.8％）

续表

能源	装机容量/万千瓦		发电量/亿千瓦时	
	2016 年	2040 年	2016 年	2040 年
生物质能	270 （1.8%）	350 （1.9%）	132 （2.0%）	153 （2.1%）
核能	1430 （9.7%）	1110 （6.0%）	963 （14.9%）	870 （11.9%）
煤炭	970 （6.6%）	180 （1.0%）	619 （9.6%）	41 （0.6%）
天然气	2150 （14.6%）	4170 （22.4%）	629 （9.7%）	1280 （17.5%）
石油	380 （2.6%）	330 （1.8%）	33 （0.5%）	20 （0.2%）
总计	14714	18580	6492	7319

注　1. 数据来源：《加拿大能源前景 2017》。

　　2. 括号内数据为各类能源装机容量（或发电量）占总装机容量（或发电量）的百分比。

3.4　日本

3.4.1　水电现状

3.4.1.1　装机容量

日本水电装机容量
趋于平稳

日本水电装机容量
与 2016 年持平

截至 2017 年年底，日本水电装机容量 5019 万千瓦，与 2016 年持平。2008—2017 年，日本水电装机容量变化趋于平稳，年均增长 32 万千瓦，年均增速 0.7%。2011 年，日本水电装机容量同比增速 1.4%，为 2008 年以来的最高水平（见图 3.13）。

3.4.1.2　发电量

日本水电发电量趋于平稳

日本水电发电量
0.6% ↑

截至 2017 年年底，日本水电发电量 926 亿千瓦时，比 2016 年增长 6 亿千瓦时。2008—2017 年，日本水电发电量变化趋于平稳，年均增长 9 亿千瓦时，年均增速 1.1%。2010 年，日本水电发电量同比增速 8.2%，为 2008 年以来的最高水平；2017 年，日本水电发电量同比增速 0.6%，低于 2008 年以来的平均水平（见图 3.14）。

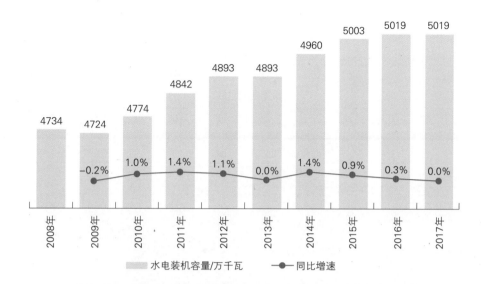

图 3.13　2008—2017 年日本水电装机容量及同比变化

数据来源：《可再生能源装机容量统计 2018》

图 3.14　2008—2017 年日本水电发电量及同比变化

数据来源：《可再生能源装机容量统计 2018》《水电现状报告 2018》

3.4.2　常规水电现状

截至 2017 年年底，日本常规水电装机容量 2826 万千瓦，与 2016 年持平。2008—2017 年，日本常规水电装机容量变化趋于平稳，年均增长 8 万千瓦，年均增速 0.3%。2010 年，日本常规水电装机容量同比增速 1.8%，为 2008 年以来的最高水平（见图 3.15）。

日本常规水电装机容量趋于平稳

日本常规水电装机容量与 2016 年持平

图 3.15　2008—2017 年日本常规水电装机容量及同比变化
数据来源：《可再生能源装机容量统计 2018》

3.4.3　抽水蓄能现状

日本抽水蓄能装机容量缓慢增长

日本抽水蓄能装机容量与 2016 年持平

　　截至 2017 年年底，日本抽水蓄能装机容量 2192 万千瓦，与 2016 年持平。2008—2017 年，日本抽水蓄能装机容量缓慢增长，年均增长 24 万千瓦，年均增速 1.2%。2011 年，日本抽水蓄能装机容量同比增速 4.6%，为 2008 年以来的最高水平（见图 3.16）。

图 3.16　2008—2017 年日本抽水蓄能装机容量及同比变化
数据来源：《可再生能源装机容量统计 2018》

3.4.4　水电发展趋势

为应对能源自给能力不足、电力成本高和二氧化碳排放量大等行业挑战，日本经济贸易产业省编制并发布了《日本2015年能源计划》，要求广泛使用经济、高效且具有环境可持续性的可再生能源，以改善能源供给结构，减少对核电的依赖程度。

根据《日本2015年能源计划》，2030年日本可再生能源装机容量占比预计达到22%～24%。其中，水电装机容量占比8.8%～9.2%，较2013年提高10个百分点，是可再生能源供应的主要来源（见图3.17）。

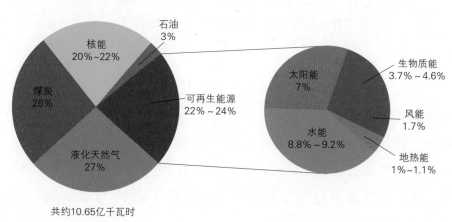

图 3.17　2030 年日本国内能源结构预测
数据来源：《日本 2015 年能源计划》

3.5　法国

3.5.1　水电现状

3.5.1.1　装机容量

截至2017年年底，法国水电装机容量2552万千瓦，与2016年持平。2008—2017年，法国水电装机容量缓慢增长，年均增长4万千瓦，年均增速0.2%。2010年、2016年，法国水电装机容量同比增速0.9%，为2008年以来的最高水平（见图3.18）。

> **法国水电装机容量缓慢增长**
>
> 法国水电装机容量与上一年度持平

图 3.18　2008—2017 年法国水电装机容量及同比变化
数据来源：《可再牛能源装机容量统计 2018》

3.5.1.2　发电量

法国水电发电量在波动中减少

法国水电发电量
17.5% ↓

　　截至 2017 年年底，法国水电发电量 532 亿千瓦时，比 2016 年减少 113 亿千瓦时。2008—2017 年，法国水电发电量在波动中减少，年均减少 17 亿千瓦时，年均下降 2.7%。2012 年，法国水电发电量同比增速 27.5%，为 2008 年以来的最高水平；2017 年，法国水电发电量同比下降 17.5%，低于 2008 年以来的平均水平（见图 3.19）。

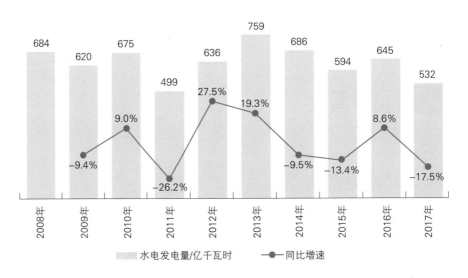

图 3.19　2008—2017 年法国水电发电量及同比变化
数据来源：《可再生能源装机容量统计 2018》《水电现状报告 2018》

3.5.2 常规水电现状

截至 2017 年年底，法国常规水电装机容量 2379 万千瓦，与 2016 年持平。2008—2017 年，法国常规水电装机容量缓慢增长，年均增长 5 万千瓦，年均增速 0.2%。2010 年、2016 年，法国常规水电装机容量同比增速 0.9%，为 2008 年以来的最高水平（见图 3.20）。

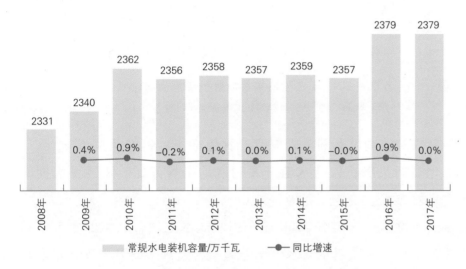

图 3.20　2008—2017 年法国常规水电装机容量及同比变化

数据来源：《可再生能源装机容量统计 2018》

3.5.3 抽水蓄能现状

截至 2017 年年底，法国抽水蓄能装机容量 173 万千瓦，与 2016 年持平。2008—2017 年，法国抽水蓄能装机容量基本保持不变（见图 3.21）。

3.5.4 水电开发管理

根据法国环境能源和海洋部发布的《能源与气候概况 2016》，依据水电站的功率量级，规定了两种水电开发管理制度。其中，功率小于 0.45 万千瓦的水电站，由省级主管部门授权，确保水电开发管理符合国家法律、法规和环境保护相关要求；功率大于 0.45 万千瓦的水电站，属于国家公共财产，开发运营需取得法国

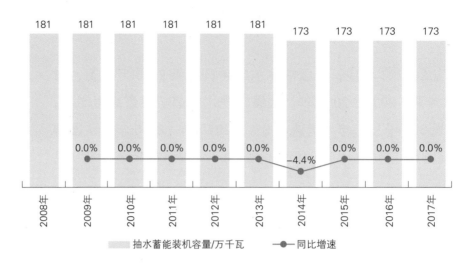

图 3.21　2008—2017 年法国抽水蓄能装机容量及同比变化
数据来源：《可再生能源装机容量统计 2018》

水电站特许经营权。该制度有利于国有资产保值增值、特许经营权所有者更好地履行义务，以及水电开发利润的平等分配。法国目前拥有以下 3 种水电开发方式。

（1）引水式水电站。法国有 2000 多个引水式水电站，85% 的水电站装机容量小于 1 万千瓦。法国引水式水电站总装机容量约 760 万千瓦，年发电量约 740 亿千瓦时，约一半的引水式电站可保证全年发电。其中，位于罗纳（Rhône）河和莱茵（Rhine）河的 30 多个引水式水电站的年发电量约占引水式电站全年总发电量的 2/3。

（2）堤坝式水电站。根据水库蓄水时间，法国将堤坝式水电站分为水闸式和湖泊式两种类型。其中，具有周调节或者日调节能力的水库，且蓄水累积时间不超过 400 小时的为水闸式电站；反之，具有季调节或者年调节能力的水库为湖泊式电站。湖泊式电站有 100 余座，装机容量 900 万千瓦，年发电量约 170 亿千瓦时；水闸式电站 140 座，装机容量 400 万千瓦，年发电量为 140 亿千瓦时。通过两类水电站的运行，可确保电网系统的供需平衡。

（3）抽水蓄能电站。法国已建抽水蓄能电站 10 余座，其中大屋（GrandMaison）电站是法国装机容量最大的抽水蓄能电站，能够在 3 分钟内产生 180 万千瓦时的电力，而当地的火电厂需要几个小时才能产生如此规模的电力。

3.6　墨西哥

3.6.1　水电现状

根据《水电现状报告2018》，水电是墨西哥最主要的可再生能源，约占该国可再生能源供应的80%。截至2017年年底，水电装机容量约占墨西哥总装机容量的17%，水电发电量占全部发电量的12%。

3.6.1.1　装机容量

截至2017年年底，墨西哥水电装机容量1267万千瓦，比2016年增长8万千瓦。2008—2017年，墨西哥水电装机容量保持增长态势，年均增长14万千瓦，年均增速1.1%。2014年，墨西哥水电装机容量同比增速7.1%，为2008年以来的最高水平；2017年，墨西哥水电装机容量同比增速0.6%，低于2008年以来的平均水平（见图3.22）。

墨西哥水电装机容量保持增长态势

墨西哥水电装机容量

↑**0.6%**

图3.22　2008—2017年墨西哥水电装机容量及同比变化

数据来源：《可再生能源装机容量统计2018》

3.6.1.2　发电量

2017年，墨西哥水电发电量298亿千瓦时，比2016年增长7亿千瓦时。2008—2017年，墨西哥水电发电量在波动中减少，

墨西哥水电发电量在波动中减少

墨西哥水电发电量

↑**2.4%**

年均减少 10 亿千瓦时，年均下降 3.0%。2010 年，墨西哥水电发电量同比增速 39.0%，为 2008 年以来的最高水平；2017 年，墨西哥水电发电量同比增速 2.4%，高于 2008 年以来的平均水平（见图 3.23）。

图 3.23　2008—2017 年墨西哥水电发电量及同比变化

数据来源：《可再生能源装机容量统计 2018》《水电现状报告 2018》

3.6.2　常规水电现状

墨西哥常规水电装机容量保持增长态势

墨西哥常规水电装机容量

0.6% ↑

截至 2017 年年底，墨西哥常规水电装机容量 1267 万千瓦，比 2016 年增长 8 万千瓦。2008—2017 年，墨西哥常规水电装机容量保持增长态势，年均增长 14 万千瓦，年均增速 1.1%。2014 年，墨西哥常规水电装机容量同比增速 7.1%，为 2008 年以来的最高水平；2017 年，墨西哥水电装机容量同比增速 0.6%，低于 2008 年以来的平均水平（见图 3.24）。

3.6.3　水电发展趋势

2017 年，墨西哥能源部发布了为期 15 年的墨西哥全国电力系统发展规划，包括全国电力系统发电和输配电规划目标和方案；预计 2024 年墨西哥清洁能源电量占比将达到 35%；2030 年这个比例将增至 50%。同时，墨西哥政府允许国有和私营电力企业在平等条件下共同参与能源市场，旨在提高电价市场竞争力。

图 3.24　2008—2017 年墨西哥常规水电装机容量及同比变化
数据来源：《可再生能源装机容量统计 2018》

根据墨西哥全国电力系统发展规划的要求，通过电力市场改革，墨西哥联邦电力委员会允许私营企业参与电力开发活动，并促进水电开发。2017 年，国家电网间的互联传输能力达到 7420.8 万千瓦，与 2015 年相比增长了 4%。为进一步提高电网间的互联互通，墨西哥政府招标建设了 5 条输电线路，总投资达到 66 亿美元（445.6 亿元）。截至 2017 年，墨西哥电网已经并入中美洲电力互联电网，与危地马拉之间实现了电网互联；与巴拿马、哥伦比亚等电网的互联工作正在设计中。

3.7　摩洛哥

3.7.1　水电现状

3.7.1.1　装机容量

截至 2017 年年底，摩洛哥水电装机容量 177 万千瓦，与 2016 年持平。2008—2017 年，摩洛哥水电装机容量基本保持不变，年均增速 0.3%。2010 年以后，摩洛哥水电装机容量再未改变（见图 3.25）。

> **摩洛哥水电装机容量基本保持不变**
>
> 摩洛哥水电装机容量与上一年度持平

图 3.25 2008—2017 年摩洛哥水电装机容量及同比变化
数据来源：《可再生能源装机容量统计 2018》

3.7.1.2　发电量

截至 2017 年年底，摩洛哥水电发电量 37 亿千瓦时，比 2016 年增长 11 亿千瓦时。2008—2017 年，摩洛哥水电发电量在波动中增加，年均增加 3 亿千瓦时，年均增速 11.7%。2009 年，摩洛哥水电发电量同比增速 117.1%，为 2008 年以来的最高水平；2017 年，摩洛哥水电发电量同比增速 41.9%，高于 2008 年以来的平均水平（见图 3.26）。

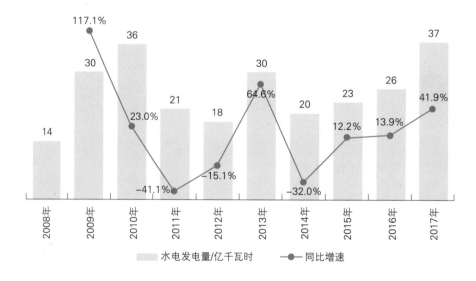

图 3.26 2008—2017 年摩洛哥水电发电量及同比变化
数据来源：《可再生能源装机容量统计 2018》《水电现状报告 2018》

3.7.2　常规水电现状

截至 2017 年年底，摩洛哥常规水电装机容量 131 万千瓦，与 2016 年持平。2008—2017 年，摩洛哥常规水电装机容量基本保持不变，年均增速 0.4%。2010 年以后，摩洛哥常规水电装机容量再未改变（见图 3.27）。

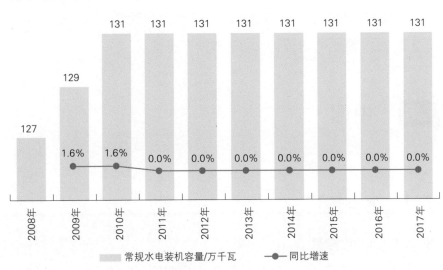

图 3.27　2008—2017 年摩洛哥常规水电装机容量及同比变化

数据来源：《可再生能源装机容量统计 2018》

3.7.3　抽水蓄能现状

截至 2017 年年底，摩洛哥抽水蓄能装机容量 46 万千瓦，与 2016 年持平。2008—2017 年，摩洛哥抽水蓄能装机容量保持不变。

3.7.4　水电发展趋势

根据《水电现状报告 2018》，摩洛哥拥有丰富的水能资源。摩洛哥政府计划将可再生能源占全国电力结构比例从 2010 年的 19% 增至 2030 年的 42%。未来通过电力市场改革，摩洛哥致力于推动国有和私营运营商参与水电开发。预计 2030 年将再增加 133 万千瓦的水电装机容量。其中，55 万千瓦由私营水电企业负责开发，约有 10.06 万千瓦为小型水电，以实现摩洛哥政府提出的 2020 年水电装机容量达到 200 万千瓦的目标。

摩洛哥常规水电装机容量基本保持不变

摩洛哥常规水电装机容量与上一年度持平

摩洛哥政府下设的电力和水资源办公室（ONEE）是电力行业的主要参与者。在阿尔瓦哈达（Al Wahada）和阿富勒（Afourer）水电站，电力和水资源办公室实施环境和社会管理体系，旨在实现水电可持续开发。2017年，电力和水资源办公室宣布将新建2座抽水蓄能电站，即位于塞布河上游装机容量30万千瓦的埃尔门泽尔二期（Er Menzel Ⅱ）水电站，以及位于拉乌（Oued Laou）河右岸装机容量30万千瓦的伊法萨（Ifahsa）水电站。2座抽水蓄能电站预计2025年投产运营。

3.8 中国

3.8.1 水电现状

3.8.1.1 装机容量

截至2017年年底，中国水电装机容量3.41亿千瓦，比2016年增长754万千瓦。2008—2017年，中国水电装机容量持续较快增长，年均增长1873万千瓦，年均增速7.9%。2009年，中国水电装机容量同比增速13.7%，为2008年以来的最高水平；2017年，中国水电装机容量同比增速2.3%，为2008年以来的最低水平（见图3.28）。

中国水电装机容量持续增长

中国水电装机容量
2.3% ↑

图3.28　2008—2017年中国水电装机容量及同比变化
数据来源：《可再生能源装机容量统计2018》

根据《2017年全国电力工业统计数据》，水电装机容量超过1000万千瓦的省份有10个，其合计装机容量占全国水电装机容量的82.6%。四川、云南两省水电装机容量分别为7714万千瓦和6280万千瓦，分别占本省发电装机容量的79.0%和70.1%；西藏和湖北水电装机容量占比超过50%（见图3.29）。

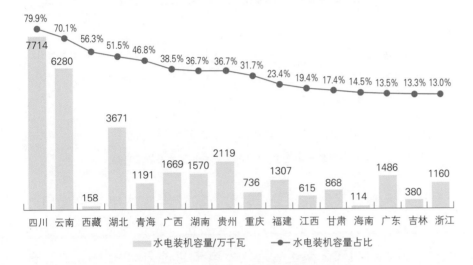

图3.29　2017年中国部分省份水电装机容量及占比

数据来源：《中国电力行业年度发展报告2018》

根据《中国电力发展报告2017》，2017年投入运营的项目主要包括长河坝工程（装机容量130万千瓦）、猴子岩工程（装机容量127.5万千瓦）和苗尾工程（装机容量70万千瓦）。2017年8月，中国长江三峡集团有限公司（CTG）宣布开始建设白鹤滩水电站（装机容量1600万千瓦），项目位于金沙江下游四川和云南两省交界之处，2023年建成后，按装机容量衡量，白鹤滩水电站将成为全球第二大水电站，仅次于三峡水电站（装机容量2250万千瓦）。

3.8.1.2　发电量

截至2017年年底，中国水电发电量11945亿千瓦时，位居全球之首，比2016年增长138亿千瓦时。2008—2017年，中国水电发电量持续增长，年均增长693亿千瓦时，年均增速8.5%。2012年，中国水电发电量同比增速23.3%，为2008年以来的最高水平；2017年，中国水电发电量同比增速1.2%，低于2008年以来的平均水平（见图3.30）。

中国水电发电量持续增长

中国水电发电量

↑**1.2%**

图 3.30　2008—2017 年中国水电发电量及同比变化

数据来源：《可再生能源装机容量统计 2018》《水电现状报告 2018》

　　根据《中国电力行业年度发展报告 2018》，2017 年，水电发电量超过 500 亿千瓦时的省份有 5 个，均为中、西部地区省份，其合计发电量占全国水电发电量的 71.2%。四川和云南两省水电发电量超过 2000 亿千瓦时，分别占本省发电量的 88.6% 和 84.6%；湖北省水电发电量超过 1000 亿千瓦时，占本省发电量的 56.5%。在水电装机较多的省份中，青海水电发电量占比超过 50%（53.9%）；受来水分布不均以及 2016 年基数影响，福建、湖南两省水电发电量分别比 2016 年减少 215 亿千瓦时和 62 亿千瓦时（见图 3.31）。

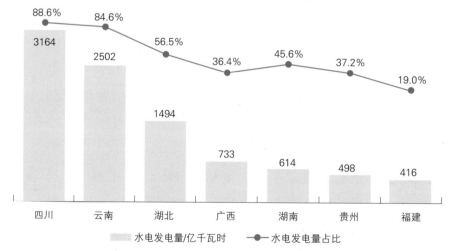

图 3.31　2017 年中国部分省份水电发电量及占比

数据来源：《中国电力行业年度发展报告 2018》

3.8.2　常规水电现状

截至 2017 年年底，中国常规水电装机容量 3.13 亿千瓦，比 2016 年增长 554 万千瓦。2008—2017 年，中国常规水电装机容量持续较快增长，年均增长 1667 万千瓦，年均增速 7.5%。2013 年，中国常规水电装机容量同比增速 13.0%，为 2008 年以来的最高水平；2017 年，中国常规水电装机容量同比增速 1.8%，为 2008 年以来的最低水平（见图 3.32）。

中国常规水电装机容量持续增长

中国常规水电装机容量

↑ **1.8%**

图 3.32　2008—2017 年中国常规水电装机容量及同比变化
数据来源：《可再生能源装机容量统计 2018》

3.8.3　抽水蓄能现状

截至 2017 年年底，中国抽水蓄能装机容量 2869 万千瓦，比 2016 年增长 200 万千瓦。2008—2017 年，中国抽水蓄能装机容量持续较快增长，年均增长 205 万千瓦，年均增速 12.2%。2009 年，中国抽水蓄能装机容量同比增速 34.3%，为 2008 年以来的最高水平；2017 年，中国常规水电装机容量同比增速 7.5%，低于 2008 年以来的平均水平（见图 3.33）。

根据《中国电力行业年度发展报告 2018》，全国新增抽水蓄能装机容量 200 万千瓦，同比下降 45.4%（见图 3.34）。江苏新增水电装机容量全部为抽水蓄能装机容量，占全国新增抽水蓄能装机容量的 75%。新增抽水蓄能装机容量分别是深圳抽水蓄能电

中国抽水蓄能装机容量持续增长

中国抽水蓄能装机容量

↑ **7.5%**

图 3.33 2008—2017 年中国抽水蓄能装机容量及同比变化

数据来源：《可再生能源装机容量统计 2018》

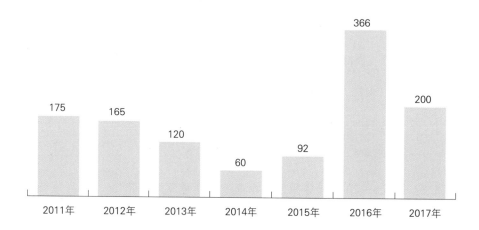

图 3.34 2011—2017 年中国新增抽水蓄能装机容量（单位：万千瓦）

数据来源：《中国电力行业年度发展报告 2018》

站 1 台机组 30 万千瓦、溧阳抽水蓄能电站 6 台机组共计 150 万千瓦、海南琼中抽水蓄能电站 1 台机组 20 万千瓦。

3.8.4 水电设备可靠性

3.8.4.1 水电机组装机构成比例

按机组类型分，2017 年中国 4 万千瓦及以上容量水电机组装机构成中纳入可靠性统计的轴流机组 149 台，总容量 0.16 亿千瓦，占统计水电装机容量的 7.58％；混流机组 725 台，总容量 1.70 亿千瓦，占 80.57％；抽水蓄能机组 97 台，总容量 0.25 亿千瓦，占 11.85％。水电机组装机构成见图 3.35。

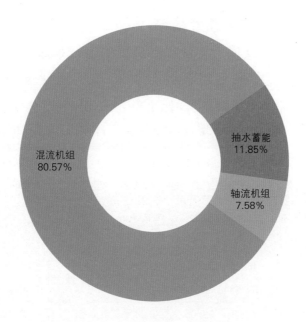

图 3.35　2017 年中国 4 万千瓦及以上容量水电机组装机构成

数据来源：《2017 年全国电力可靠性年度报告》

按机组容量分类的水电机组装机构成见图 3.36，其中 4 万～10 万千瓦机组 379 台，总容量 0.23 亿千瓦，占统计水电装机容量的 10.90%；10 万～20 万千瓦机组 209 台，总容量 0.28 亿千瓦，占 13.27%；20 万～30 万千瓦机组 111 台，总容量 0.26 亿千瓦，占 12.32%；30 万～40 万千瓦机组 122 台，总容量 0.38 亿千瓦，占 18.01%；40 万千瓦及以上容量机组 150 台，总容量 0.96 亿千瓦；占 45.50%。

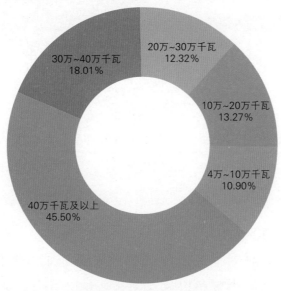

图 3.36　2017 年中国按机组容量分类的水电机组装机构成

数据来源：《2017 年全国电力可靠性年度报告》

3.8.4.2 水电机组运行可靠性指标

2017 年,4 万千瓦及以上容量水电机组的运行系数为 54.96%,同比上升了 0.77 个百分点;等效可用系数为 92.55%,同比上升了 0.11 个百分点;等效强迫停运率为 0.14%,同比上升了 0.05 个百分点;非计划停运次数为 0.19 次/(台·年),同比下降了 0.07 次/(台·年),见表 3.3。

表 3.3　　　4 万千瓦及以上容量水电机组近 5 年运行可靠性指标

指标 年份	统计 台数 /台	平均容量 /(万千瓦 /台)	运行 系数 /%	等效可用 系数 /%	等效强迫 停运率 /%	非计划 停运次数 /[次/ (台·年)]	强迫停运 次数 /[次/ (台·年)]	强迫停运 时间 /[小时/ (台·年)]
2013	758	19.97	48.62	91.71	0.13	0.37	0.28	6.84
2014	827	21.39	51.74	92.6	0.11	0.3	0.22	4.87
2015	885	21.86	51.8	92.05	0.08	0.27	0.19	3.41
2016	945	21.41	54.19	92.44	0.09	0.26	0.22	4.09
2017	971	21.81	54.96	92.55	0.14	0.19	0.14	6.91

2017 年参与统计的 70 万千瓦等级水电机组仍为 76 台,均为混流机组,与 2016 年相同。2017 年等效可用系数为 94.88%,比 2016 年下降了 0.35 个百分点;非计划停运次数为 0.04 次/(台·年),与 2016 年相同,见表 3.4。

表 3.4　　　70 万千瓦等级水电机组 5 年来的主要运行可靠性指标

指标 年份	统计台数 /台	运行系数 /%	等效可用系数 /%	等效强迫停运率 /%	非计划停运次数 /[次/(台·年)]
2013	53	50.52	92.55	0.01	0.19
2014	68	56.00	94.42	0.00	0.06
2015	76	53.68	94.57	0.01	0.04
2016	76	56.36	95.23	0.02	0.04
2017	76	58.09	94.88	0.01	0.04

3.8.5　可持续水电评价

3.8.5.1　背景和意义

党的十九大报告把对能源工作的要求放到"加快生态文明体制改革,建设美丽中国"的重要位置予以重点阐述,意义重大,影响深远,凸显了党中央对新时代能源转型和绿色发展的重大政治导向。新时代能源发展必须按照构建清洁低碳、安全高效的能源体系的总要求，树立尊重自然、顺应自然、保护自然的生态文明理念，走能源绿色发展道路。

水电是技术成熟、运行灵活的清洁低碳可再生能源。在全球气候变化背景下，发展水电是增加低碳绿色电力供应、优化能源结构、根治雾霾、减少温室气体排放、实现国家非化石能源发展目标的重要措施。《水电发展"十三五"规划（2016—2020年)》明确提出"把发展水电作为能源供给侧结构性改革、确保能源安全、促进生态文明建设"的重要战略举措。

与此同时，2017年水电行业整体处于转型时期，《水电发展"十三五"规划（2016—2020年)》释放的信号表明：水电高速成长期已过，受开发成本增加、弃水严重等因素影响，水电投资速度明显放缓。同时，水电开发利用引起的生态及移民影响也日益受到重视。为此，党的十九大报告指出："要着力解决突出环境问题，加大生态系统保护力度，推进绿色发展"。中国水电主动变革、绿色转型值得期待。变革路口，开启以运行期为重点的中国水电绿色管理之路具有战略性、紧迫性和必要性。

推动可持续水电发展是全面认识水电社会、经济、生态效益，综合衡量水电的效益和影响，协调水电开发与流域或区域发展的有效途径。2000年以来，国际社会不断探索从可持续发展角度开展水电项目综合评价。2004年联合国《水电与可持续发展北京宣言》、2010年国际水电协会《水电可持续性评估规范》、2012年国际金融公司《环境和社会可持续性绩效标准》、2013年多瑙河保护国际委员会《多瑙河流域可持续水电指导原则》、2014年德国国际合作组织《在水电开发中保持流域生态系统》的出台，推动了国际社会水电可持续开发及管理进程。

国家能源局作为能源行业行政主管部门，高度重视水电的长远发展，提出在行业转型的时间窗口，以行业发展需求为导向，通过理念和思路创新，树立可持续水电理念，加快解决水电行业发展面临的成本、消纳利用等实际问题。急需借鉴国际最新成果，在现阶段环境保护、移民、项目管理等基本要求之上，为支撑生态文明建设与能源绿色发展，保持与国家政策要求和社会发展趋势相适应，制定与国际高标准、严要求相接轨的中国可持续水电选优标准，为国家能源局行业管理提供有力工具，并践行为建设美丽中国提供绿色能源。

"一带一路"背景下，基于国际范式的中国可持续水电评价可助推中国水电企业走向国际市场，输出行业先进理念，引领全球水电行业的绿色发展，并为实现中国可持续发展目标和联合国 2030 年可持续发展目标提供行业示范。

3.8.5.2 中国可持续水电内涵和评价范围

国际水电协会在《水电可持续性评估规范》中提出了水电可持续发展的基本原则，包括以下几点：

（1）水电可持续发展要求减少贫困、尊重人权、改变不可持续的生产和消费模式，实现长期的经济可行性和有效的环境管理，保护和管理自然资源。

（2）水电可持续发展的核心内容是关注水电规划设计、施工、运行 3 个阶段与流域经济、社会和环境子系统的协调发展。

（3）按照可持续发展理念开发和管理的水电站，能够为国家或区域或流域带来综合效益，并促进实现区域可持续发展目标。

《多瑙河流域可持续水电发展指导原则》强调，通过管理手段，实现水电项目在全球和流域两个尺度上的社会、经济、生态效益，减缓区域尺度的环境影响。综上所述，可持续水电旨在社会和谐、环境友好、管理高效、经济合理等方面持续改善，实现与流域或区域社会、经济、环境相协调，推进绿色发展的水电站。

可持续水电评价范围包括规划设计期、施工期和运行期的水电站，其中满足基本条件的规划设计期和施工期水电站，宜根据行业管理需求，确定参评时间；满足基本条件的运行期水电站，首次评价时间应在已投产运行 5 年及以上。

3.8.5.3 中国可持续水电评价要素

根据十九大对生态文明的要求，水电可持续性评价应满足清洁低碳、安全高效、成本消纳和绿色发展 4 个方面的要求；根据 2030 年联合国可持续发展目标，评价要素要体现能源效率、减排、生物多样性和生态系统保护、公平等几方面因素；根据《绿色水电认证》和《低影响水电认证》，评价要素应包括水文、水生生态、陆生生态、水质、环保与水保措施 5 个方面，根据《多瑙河流域可持续水电发展指导原则》，评价要素应涵盖管理与效益、流域或区域的协调发展。可持续水电评价要素框架见图 3.37。在此基础上，参考国内外相关政策和技术标准体系，分析中国可持续水电评价要素，见表 3.5。

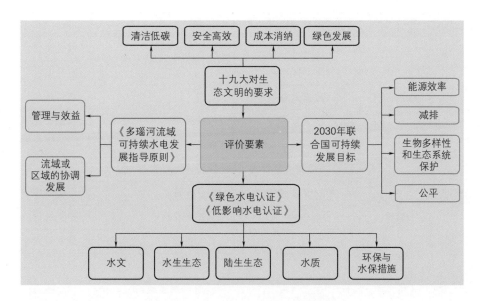

图 3.37　可持续水电评价要素框架

表 3.5　　　　　　　　　　　可持续水电评价要素

类型	分类	规划设计	施　工	运　行
常规水电	社会经济	社会风险	区域经济贡献	区域经济贡献
		减排效益		减排效益
		移民安置	移民安置	移民安置
			移民社会参与	移民融入与发展（大中型水电站）
	管理	立项决策和设计管理	规划和设计符合性	设备管理
		规划专项评价	成本管理	运行管理（大中型水电站）
			安全管理	安全管理
			质量管理	经营管理
			达标投产	
	环境			水文情势
				河流形态
				水生生态
				陆生生态
		生态风险	"三同时"制度执行	水质
		环保和水保设计	监理制度执行	环保和水保措施运行与监测

续表

类型	分类	规划设计	施 工	运 行
抽水蓄能	社会经济		区域经济贡献	区域经济贡献
				电网效益
		减排效益		减排效益
		移民安置	移民安置	移民安置
			移民社会参与	
	管理	立项决策和设计管理	规划和设计符合性	
		规划专项评价	成本管理	设备管理
			安全管理	安全管理
			质量管理	经营管理
			达标投产	
	环境	生态风险	"三同时"制度执行	水生生态
		环保和水保设计	监理制度执行	环保和水保措施运行与监测

3.8.5.4 中国可持续水电评价指标

根据中国可持续水电评价要素，研究制定可持续常规大中型水电站运行期赋分指标和标准体系，可持续常规小型水电站运行期赋分指标和标准体系，可持续抽水蓄能电站运行期赋分指标和标准体系，见表 3.6。

表 3.6 可持续水电评价要素

分类	大中型水电站	小型水电站	抽水蓄能电站
社会经济	综合利用效益	社会贡献率	社会贡献率
	能源替代效应	能源替代效应	能源替代效应
	蓄水阶段移民安置验收意见落实情况	蓄水阶段移民安置验收意见落实情况	蓄水阶段移民安置验收意见落实情况
	移民人均可支配收入比例		移民人均可支配收入比例
	移民安置区基础设施满意度		电网辅助服务价值
	移民培训		
管理	等效可用系数	等效可用系数	等效可用系数
	平均耗水率	大坝安全鉴定等级	非计划停运率
	水能利用提高率	总资产报酬率	启动可靠性
	发电完成率	资产负债率	发电机组检修超时限
	水能开发率		大坝安全鉴定等级
	优化调度情况		总资产报酬率

续表

分类	大中型水电站	小型水电站	抽水蓄能电站
管理	发电机组检修超时限		单位千瓦可控费用
	大坝安全鉴定等级		资产负债率
	总资产报酬率		
	资产负债率		
环境	生态流量满足程度	生态流量满足程度	浮游生物完整性指数
	输沙影响情况	河流形态	环保和水保措施运行与监测
	水生保护生物及生境影响情况	水生保护生物及生境影响情况	
	浮游生物完整性指数	陆生保护生物及生境影响情况	
	陆生保护生物及生境影响情况	水质变化程度	
	水质变化程度	环境保护和水土保持措施运行与监测	
	环保和水保措施运行与监测		

4

水电经济与就业

4.1　成本

4.1.1　建设成本

水电建设包括土木工程和机电工程。其中，土木工程主要包括大坝和水库建设、隧道和运河建设、发电厂房建设、现场接入基础设施和电网连接等内容；机电工程主要包括涡轮机、发电机、变压器等设施建设或升级改造等内容。

根据国际可再生能源署（IRENA）发布的《可再生发电成本2017》，全球范围内的水电建设成本为每千瓦 500～4500 美元（3375.9～30383.1 元）。2010 年以来，全球水电开发建设成本自2010 年的每千瓦 1171 美元（7906.4 元）增加到 2016 年的每千瓦 1780 美元（12018.2 元），又回落至 2017 年的每千瓦 1535 美元（10364 元），同比下降 13.8%（见图 4.1）。

2017 年全球水电建设成本每千瓦 1535 美元

比 2016 年下降 13.8%

4.1.2　运营维护成本

水电的运营维护成本相对较低。建设年代较早的水电站，其大坝和相关基础设施的初期投资已经全部摊销。除水电站运营几十年后可能更换机械部件产生相关成本外，剩余支出为运营维护成本。小型水电站的运行周期大约为 50 年，不涉及大量设备更换的成本。

全球水电年度运营维护成本

大型水电每千瓦 20～60 美元

图 4.1　2010—2017 年全球水电建设成本及同比变化
来源：《可再生发电成本 2017》

国际能源署（IEA）2017 年统计的最新数据显示，典型水电站每千瓦装机容量的年度运营维护成本为投资成本的 1%～4%。其中，大型水电的运营维护成本为投资成本的 2.2%，小型水电为投资成本的 2.2%～3%，全球水电的平均运营维护成本约为投资成本的 2.5%。国际可再生能源署 2017 年统计数据显示，大型水电的年度运营维护成本为每千瓦 20～60 美元（135～405 元）。大型水电的电力平准化度电成本（LCOE）为每千瓦时 0.02～0.30 美元（0.135～2.025 元），小型水电的电力平准化度电成本比大型水电高 10%～40%。

4.1.3　抽水蓄能成本

根据《水电在电网中的价值度量》（《Quantifying the Value of Hydropower in the Electric Grid》），美国电力研究院（EPRI）对全球 30 座抽水蓄能电站成本进行了评价，结果表明，抽水蓄能电站成本差异较大，一般为每千瓦 1000～2000 美元（6751.8～13503.6 元）。

针对未来抽水蓄能开发采用定速和变速技术的投资成本，桑迪亚国家实验室（Sandia National Laboratories）和太平洋西北国家实验室（Pacific Northwest National Laboratory）的研究表明，定速技术抽水蓄能成本为每千瓦 1500～2700 美元（10127.7～18229.9 元）；

单位千瓦装机成本
1000～2000 美元

变速技术抽水蓄能成本通常比相同规模的定速技术抽水蓄能成本高7%～15%。主要原因为变速技术机电设备的附加成本通常比定速技术高60%～100%。

4.1.4　美国水电成本

4.1.4.1　常规水电

单位千瓦装机成本2000～8000美元

根据《水电市场报告2017》，低息长期贷款使低水头非发电坝（low-head NPD）、小型新河流水电开发项目以及引水式水电站获得更多的投资机会，导致近年美国开发的水电站资金成本差异较大，单位千瓦装机成本为2000～8000美元（13503.6～54014.4元）。非发电坝和引水式水电站成本差异的原因因站而异。对于大型水电站而言，同等条件下水头是水电站成本的决定因素。

过去20年间，除了巨型水电站，美国大多数水电站的运营维护成本增长速度高于通货膨胀率。2007年至今，水电项目运营维护成本已增长了40%，而同期通货膨胀率仅为16%。

4.1.4.2　抽水蓄能

单位千瓦装机成本600～1800美元

根据《太平洋西北部抽蓄电站与风电联合运营的技术分析》（《Technical Analysis of Pumped Storage and Integration with Wind Power in the Pacific Northwest》），美国陆军工程兵团对美国西北地区14座装机容量为30万～210万千瓦的抽水蓄能电站成本进行了评估，结果表明，14座抽水蓄能电站的平均装机容量为90万千瓦，单位千瓦装机成本为600～1800美元（4051.1～12153.2元）。

4.2　电价

4.2.1　竞价机制

全球加权平均水电项目竞价为每千瓦时0.05美元

根据《可再生发电成本2017》，2017年全球加权平均水电项目竞价为每千瓦时0.05美元（0.338元）。根据国际可再生能源署的竞价数据库，全球共成交29300万千瓦装机容量的可再生能源竞价项目，其中，巴西成交装机容量9200万千瓦，约占全球总成交装机容量的 31.4%，美国成交装机容量为 7800 万千瓦，印度成交装机容量为 4800 万千瓦。截至 2017 年年底，水力发电竞价成交装机容量为 4400 万千瓦，约占可再生能源竞价成交装机容量的 15%。

2016 年以来，可再生能源的价格继续下降。2016 年 2 月，秘鲁可再生能源拍卖会上，可再生能源招标价格为每千瓦时 0.048 美元（0.324 元）；3 月，墨西哥可再生能源拍卖会上，可再生能源招标价格为每千瓦时 0.045 美元（0.304 元）；8 月，智利可再生能源招标价格为每千瓦时 0.038 美元（0.257 元）；9 月，墨西哥第二次拍卖的可再生能源招标价格为每千瓦时 0.032 美元（0.216 元）。2017 年 6 月，迪拜可再生能源招标价格首次突破每千瓦时 0.03 美元（0.203 元）；9 月，迪拜以每千瓦时 0.024 美元（0.162 元）的招标价格竞价预计 117 万千瓦的工程。

4.2.2 美国水电价格

4.2.2.1 水电销售渠道

根据《水电市场报告 2017》，2017 年美国销售水电电量 10160 万千瓦时，其中，常规水电电量 8000 万千瓦时，抽水蓄能电量 2160 万千瓦时（见表 4.1）。美国水电价格存在区域差异性，不同供电商的水电价格也存在差异，销售电价和电量构成包括以下几个方面：

（1）电力经营管理局（PMAs）按成本核算电价，销售美国陆军工程兵团和美国垦务局运营生产的水电，全美范围内共包括 4 个电力经营管理局，分别是邦纳维尔（Bonner Ville，BPA）、西部、西南部和东南部电力经营管理局。电力经营管理局管辖的常规水电和抽水蓄能装机容量分别占美国常规水电装机容量和抽水蓄能装机容量的 44% 和 6%。田纳西流域管理局也是联邦水电的所有者之一，但它作为垂直一体化的公用部门直接面向用户售电，无需经过电力经营管理局。

（2）独立系统运营商（ISOs）或区域输电组织（RTOs）负责协调运营电力市场和电网，以竞价方式决定水电价格，其常规

2017 年美国销售水电电量 10160 万千瓦时

其中，常规水电电量 8000 万千瓦时，抽水蓄能电量 2160 万千瓦时

水电和抽水蓄能装机容量分别占美国常规装机容量和抽水蓄能装机容量的28%和59%。

（3）通过双边交易或购电协议（PPA）出售水电，其常规水电和抽水蓄能装机容量分别占美国常规装机容量和抽水蓄能装机容量的28%和35%。

表4.1　　　　　　　　　2017年美国销售电量的构成及比例

类 型	常 规 水 电		抽 水 蓄 能	
	电量/万千瓦时	占比/%	电量/万千瓦时	占比/%
PMAs	3520	44	130	6
ISOs/RTOs	2240	28	1270	59
其他	2240	28	760	35
合计	8000	100	2160	100

4.2.2.2　联邦水电价格

图4.2为2006—2016年美国4个电力经营管理局水电价格变化趋势。图4.2结果表明，电力经营管理局运营的联邦水电价格低于独立系统运营商（ISOs）或区域输电组织（RTOs）运营的各区域电力市场水电价格，且价格趋于平稳。但是，随水文节律的变化，枯水年的水电发电量下降少，水电价格相应存在一定的波动性。

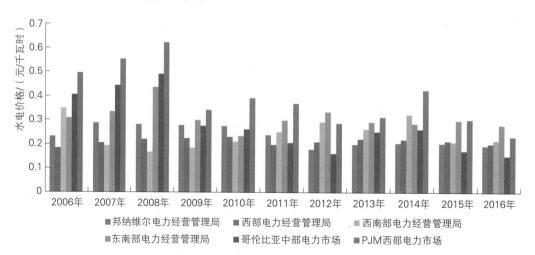

图4.2　2006—2016年美国4个电力经营管理局水电价格
变化趋势（以2016年作为水平年）
数据来源：《水电市场报告2017》

总体上，2006—2016年美国4个电力经营管理局的水电价格为每千瓦时3.2～3.5美分（0.21～0.236元），其中，东南部电力经营管理局水电价格最高，而哥伦比亚中部电力市场交易中心的平均水电价格为每千瓦时 4.2 美分（0.284 元）。但是，2008 年以后，美国水电价格呈相反趋势，哥伦比亚中部电力市场交易中心水电电价为每千瓦时 3.277 美分（0.221 元），反而低于同期邦纳维尔电力经营管理局的每千瓦时 3.347 美分（0.226 元）和西南部电力经营管理局的每千瓦时 3.642 美分（0.246 元）电价（见图 4.2）。

4.2.2.3 非联邦水电价格

美国非公用小型水电站业主通常以签署购电协议的方式售电。根据国家电力公司每年向美国联邦能源管理委员会（FERC）提交的报告，2006—2016 年美国水电售电价格高于其他电源品种的价格。全美水电平均售电电价为每千瓦时 5.29 美分（0.357 元），其中，小型水电平均售价为每千瓦时 6.28 美分（0.424），比水电平均价格高约 18.7%。除售电获取收益外，提供调频、储能等电网辅助服务也是美国水电站，特别是抽水蓄能电站收益的重要来源。

图 4.3 显示了自 2006 年签署购电协议以来，每个购电协议平均价格的变化情况。在美国西北部和西南部地区，近些年来长期购电协议价格较低。东北部地区情况相似，但平均购电价格波动较大。在中西部地区，2012 年以来几乎没有达成新的购电协议。与美国国内大多数地区不同，东南部地区 2015 年以来已将水电纳入长期采购项目谈判，因此，近 3 年的水电价格

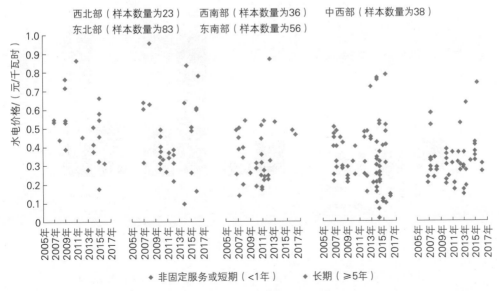

图 4.3　2006—2017 年美国平均水电价格变化趋势

数据来源：《水电市场报告 2017》

明显高于 10 年来的平均价格。对于非固定服务和短期供电服务，由于样本数量较少，无明显趋势变化（见图 4.3）。

4.2.2.4 水电站所有权转让价格

2004 年至今，全美数百个水电站所有权发生了转让（见图 4.4），多为美国东北部的私营小水电站（见图 4.5）。相较而言，公私合营型水电站所有权相对稳定。2011 年之后，美国水电站所有权转让速度加快，特别是美国联邦能源管理委员会（FERC）豁免重新申请许可证的水电站。

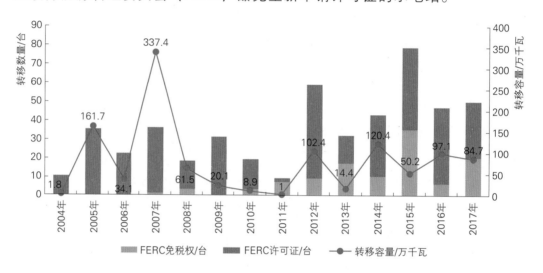

图 4.4 2004—2017 年美国联邦能源管理委员会水电站所有权转让情况

数据来源：《水电市场报告 2017》

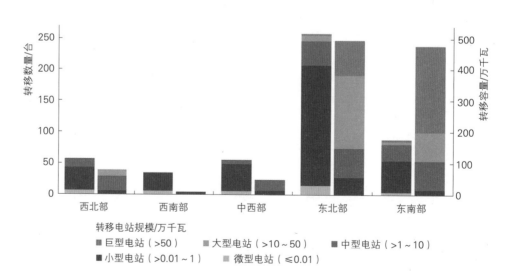

图 4.5 2004—2017 年美国转让的水力发电厂的地区和规模

数据来源：《水电市场报告 2017》

如图4.5所示，全美64个不同规模水电站的转让装机容量为3703千瓦，占2004—2017年美国转让总量的34%，转让总价值超过50亿美元（337.6亿元），单位千瓦装机的平均成交价格为1072美元（7237.9元），基于装机容量权重的平均成交价格是1345美元/千瓦（9081.1元/千瓦），大型电站的转让价值相对更高。

4.3 投资

4.3.1 大中型水电

根据联合国环境经济司发布的《全球可再生能源投资趋势2018》，2017年全球装机容量5万千瓦以上的大中型水电投资总额为450亿美元（3038.3亿元），高于2016年的220亿美元（1485.4亿元），接近2015年的449亿美元（3031.6亿元）。2017年投资最大的是中国金沙江1600万千瓦装机的白鹤滩水电站项目，预计投资280亿美元（1890.5亿元），并将于2022年全面投入运营。2017年，由3家中国公司组成的联营体中标尼日利亚300万千瓦装机的蒙贝拉水电站项目，该项目是目前非洲最大的水电站项目，预计6年完工，总投资约58亿美元（391.6亿元）。

> **2017年全球大中型水电投资450亿美元**
>
> 比2016年增长104.5%

4.3.2 小型水电

根据联合国环境经济司公布的《全球可再生能源投资趋势2018》，全球小型水电投资自2014年以来持续呈现下降趋势。2017年，全球小型水电的投资总额从2016年的35亿美元（236.3亿元）下降到30亿美元（202.6亿元），下降14.3%（见图4.6）。中国具有最大的小型水电市场，"十三五"期间全国将新开工小型水电500万千瓦左右，预计2020年小型水电装机容量达到8000万千瓦。2017年，俄罗斯、乌干达和厄瓜多尔等其他国家共投资约5万千瓦小型水电项目。

> **2017年全球小型水电投资30亿美元**
>
> 比2016年下降14.3%

图 4.6　2004—2017 年全球小型水电新增投资及同比变化
来源:《可再生发电成本 2017》

4.3.3　投资风险

根据世界能源理事会发布的《2016 年全球能源水电》(《World Energy Resources Hydropower in 2016》),项目盈利能力和实现预期回报的不确定性是全球水电等基础设施项目投资的主要风险。水电规划阶段可通过详细研究水文、地质地形、环境和社会影响,分析工程技术方案,避免项目前期费用超支增加投资风险。水电施工阶段的投资风险通常来源于不可预见的突发状况。水电运营阶段维护成本相对较低,收益稳定,风险较低,主要考虑水电站运行导致的水文条件变化,以及监管环境和政策变化等风险因素。

4.3.4　升级改造投资

2017 年,美国在建和规划的水电机组升级改造装机容量约占全美水电总装机容量的 50%

根据《水电市场报告 2017》,北美是全球水电机组升级改造(R&U)投资最多的地区。升级改造包括对现有发电机组的增效扩容和新机组建设,以提高现有设备的效率、可靠性和使用寿命。

2017 年,全球水电站厂房扩建和升级改造投资总额约为 830 亿美元(5604 亿元),其中,厂房扩建投资占比为 54%,升级改造投资占比为 46%。北美地区投资总额最高，达到 193 亿美元（1303 亿元）。厂房扩建和升级改造投资在全球各地区间差异显著。在亚洲大多数地区，水电装机容量增长迅速，投资主要用于厂房扩建项目。相反，在北美、欧洲、俄罗斯、拉丁美洲和加勒比地区，由于水电设备老化，投资主要用于设备的升级改造。北美和俄罗斯情况相似，新增水电装机规划很少，用于设备升级改造的投资分别约占总投资的 74% 和 91%（见图 4.7）。

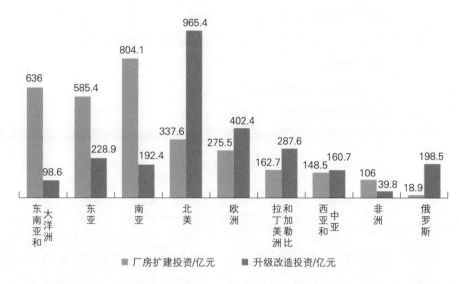

图 4.7　2015—2017 年全球各区域水电机组升级改造和厂房扩建投资
数据来源：《水电市场报告 2017》

2015 年以来，北美单位千瓦升级改造投资稳居全球首位，达到 79 美元（533.4 元）；建设投资约占总投资的 2/3，单位千瓦投资约 52 美元（351元）。俄罗斯和南亚单位千瓦升级改造投资分别位列全球第二位和第三位。由于几乎没有新增水电装机规划，俄罗斯投资主要用于维护和优化现有水电设备。相反，东亚投资都用于发展新的水电项目，在水电升级改造的规划审批和建设投资较少（见图 4.8）。

在比较分析全球各地区水电站升级改造投资水平时，电站运行时间是一个需要考虑的重要因素。在其他条件相同的情况下，老旧电站应需要更多的升级改造投资，以降低电站性能和可靠度降低的风险。如图 4.9 所示，2017 年全球水电站运行时间与单位千瓦升级改造投资呈现正相关关系。除了东亚，全球其他地区水电站升级改造的平均年限大于 30 年。其中，美国水电设备单位装机投资位于全球第二位，水电站升级改造的平均年限最长；加拿大和美国的单位千瓦水电设备升级改造投资成本相似。目前，美国大约50％的水电设备计划或者正在开展升级改造，而加拿大的这个比例仅为20％。全球升级改造投资排名前20位的水电站，7座位于美国，3座位于加拿大。

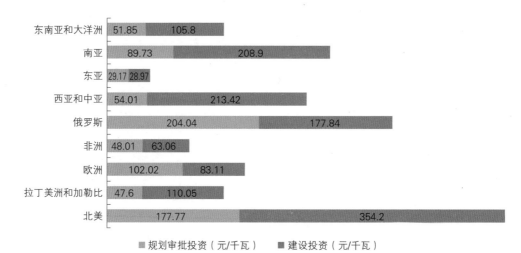

图4.8　2015—2017年全球各区域水电升级改造建设投资
数据来源：《水电市场报告2017》

在欧洲，单位千瓦升级改造投资为688.7元，大约有25％装机容量的水电设备需要升级改造。如图4.9所示，欧洲各国需要升级改造的水电设备比例相对稳定。但是，由于升级改造水电站的运行时间不同，欧洲各国的单位千瓦升级改造所需费用差异显著。

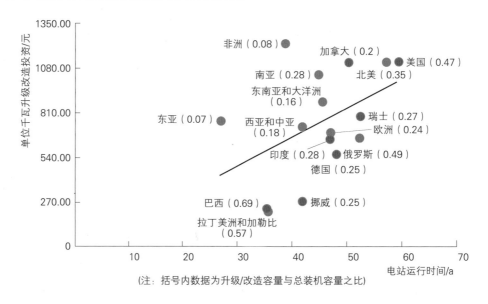

（注：括号内数据为升级/改造容量与总装机容量之比）

图4.9　2017年全球单位千瓦升级改造投资
数据来源：《水电市场报告2017》

俄罗斯大约有 49% 装机容量的水电设备需要升级改造，但单位千瓦升级改造所需费用相对较低。拉丁美洲和加勒比地区单位千瓦升级改造费用全球最低，大约有 57% 装机容量的水电设备需要升级改造，总投资 33 亿美元（222.8 亿元）。全球单位千瓦升级改造投资最高的是非洲，但仅有 8% 装机容量的水电设备计划开展升级改造（见图 4.9）。

4.3.5　中国水电投资

根据《水电现状报告 2018》，水电作为中国可再生能源转型的基础，正在成为绿色融资的引领者。2017 年，中国发行超过 370 亿美元（2498.2 亿元）的绿色债券，成为水电融资的主要来源，而且中国制定了绿色债券资格标准并且得到国际认可和接受。根据《中国电力行业年度发展报告 2018》，2017 年，中国电力供需形势持续宽松，为防范化解煤电产能过剩风险、继续推进电力绿色发展，国家电力投资大幅下降，结构持续优化。全国主要电力工程完成投资 2900 亿元，为 2011 年以来最低，同比下降 14.9%。其中，水电（含抽水蓄能发电）完成投资 623 亿元，与 2016 年基本持平，水电投资占当年主要电力工程投资的 21.4%。受西南水电开发难度和成本明显上升、弃水问题突出等因素影响，全国水电新开工项目明显减少，导致 2013—2016 年水电投资连续 4 年减少（见图 4.10）。

> 水电（含抽水蓄能发电）完成投资 622 亿元，与 2016 年基本持平，占当年主要电力工程投资的 21.4%

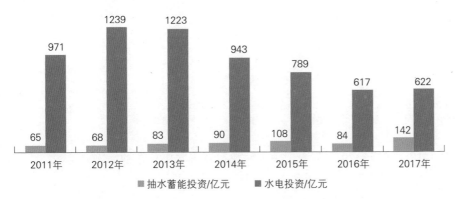

图 4.10　2011—2017 年中国抽水蓄能投资及水电投资
数据来源：《中国电力行业年度发展报告 2018》

　　水电投资主要集中在华中和南方区域。华中区域水电投资
357 亿元，南方区域水电投资 120 亿元（见图 4.11）。其中，四川水电投资
324 亿元，比 2016 年增加 20.9%，占全国水电投资的 52.0%；云南水电投
资 89 亿元，占全国水电投资的 14.3%。

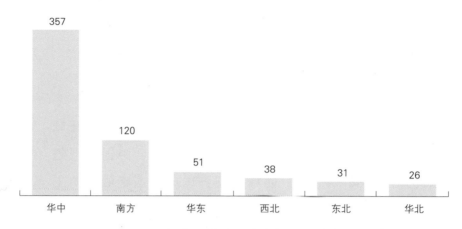

图 4.11　2017 年中国分地区水电投资（单位：亿元）
数据来源：《中国电力行业年度发展报告 2018》

　　根据《中国电力行业年度发展报告 2018》，2017 年，抽水蓄能投资创历
史新高，在 2016 年、2017 年分别新开工 24 台和 26 台抽水蓄能机组，全年
抽水蓄能电站建设完成投资 142 亿元，同比增长 68.6%，是历年抽水蓄能
电站建设投资最多的一年（见图 4.12）。其中，浙江、广东、河北、安徽和
山东抽水蓄能电站项目投资超过 10 亿元。

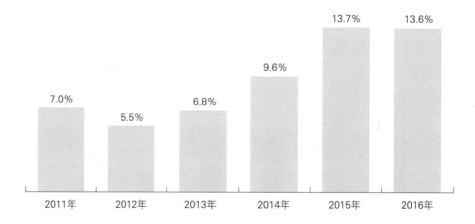

图 4.12　2011—2017 年中国抽水蓄能投资占水电投资的比例
数据来源：《中国电力行业年度发展报告 2018》

　　根据《水电现状报告 2018》，为实现国家"十三五"规划中设定的水电
装机容量达到 3.8 亿千瓦的目标，到 2020 年，水电装机容量年均增长率预

计保持在 3.5%～4% 的稳定区间。抽水蓄能装机容量将从 2869 万千瓦提高到 2020 年的至少 4000 万千瓦，预计到 2025 年，抽水蓄能总装机容量将达到 9000 万千瓦。2018 年，中国国家电网公司将在全国建设 6 个抽水蓄能项目，总装机容量达到 840 万千瓦，预计 2026 年全面投入运营。

4.4 就业

4.4.1 大中型水电

根据国际可再生能源署发布的《可再生能源和就业报告2018》，全球可再生能源就业机会持续增长，大中型水电提供的就业岗位数量居第三位。2017 年，大中型水电提供的就业岗位数量约为 151.4 万个（见图 4.13），占当年可再生能源就业岗位数量的 14.6%。其中，大部分就业岗位是水电站的运营和维护，其提供的就业岗位数量比前一年下降约 0.3%，主要原因是中国和巴西等国新建水电规模的下降以及全球水电行业劳动生产率的提高。大中型水电领域的主要就业市场为中国、印度和巴西，这 3 个国家提供的就业岗位数量共占就业岗位总数的 52%，其次是俄罗斯（4%）、巴基斯坦（4%）、印度尼西亚（3%）、伊朗（3%）和越南（3%）（见图 4.14）。

> **2017 年全球大中型水电就业岗位 151.4 万个**
>
> 占当年可再生能源就业岗位的 14.6%

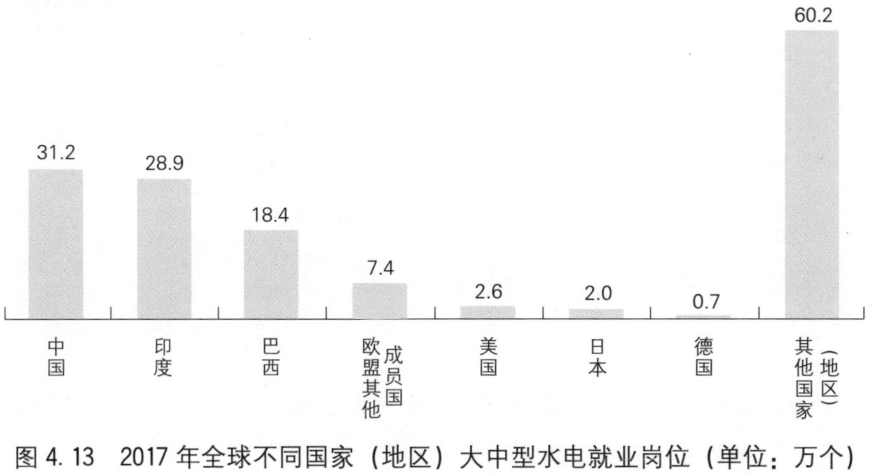

图 4.13 2017 年全球不同国家（地区）大中型水电就业岗位（单位：万个）

数据来源：《可再生能源和就业报告 2018》

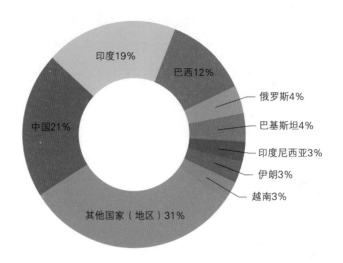

图 4.14   2017 年全球不同国家（地区）大中型
水电就业岗位占比
数据来源：《可再生能源和就业报告 2018》

<table>
</table>

2016 年全球小型水
电就业岗位 29 万个

同比增速 36.8%

4.4.2   小型水电

根据国际可再生能源署发布的《可再生能源和就业报告
2018》，小型水电与大中型水电共享供应链。2017 年，全球小型
水电提供了 29 万个就业岗位，同比增速 36.8%。中国小型水电
提供了 9.5 万个就业岗位，与上一年度持平（见图 4.15）。

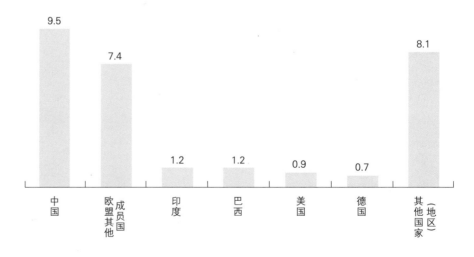

图 4.15   2017 年全球不同国家（地区）小型水电就业岗位（单位：万个）
数据来源：《可再生能源和就业报告 2018》

附表1 2017年全球主要国家（地区）水电数据统计

区域	国家（地区）			水电装机容量/万千瓦	发电量/亿千瓦时	常规水电装机容量/万千瓦	抽水蓄能装机容量/万千瓦
		中文名称	英文名称				
亚洲	东亚	中国	China	34119.0	11945.0	31250.0	2869.0
		朝鲜	Democratic People's Republic of Korea	598.4	118.3	598.4	0
		日本	Japan	5018.7	925.5	2826.3	2192.4
		蒙古	Mongolia	2.9	0.5	2.9	0
		韩国	Republic of Korea	648.9	69.9	178.9	470.0
	东南亚	柬埔寨	Cambodia	133.1	24.0	133.1	0
		印度尼西亚	Indonesia	538.2	172.8	538.2	0
		老挝	Lao People's Democratic Republic	500.2	227.0	500.2	0
		马来西亚	Malaysia	603.0	176.2	603.0	0
		缅甸	Myanmar	310.4	93.5	310.4	0
		菲律宾	Philippines	430.8	102.0	362.3	68.5
		泰国	Thailand	357.5	86.9	254.4	103.1
		东帝汶	Timor-Leste	0	0	0	0
		越南	Viet Nam	1776.6	599.0	1776.6	0
	南亚	阿富汗	Afghanistan	33.3	13.7	33.3	0
		孟加拉国	Bangladesh	23.0	10.7	23.0	0
		不丹	Bhutan	161.4	77.8	161.4	0
		印度	India	4938.2	1355.4	4459.6	478.6
		伊朗	Iran	1298.9	164.4	1194.9	104.0
		尼泊尔	Nepal	97.7	31.4	97.7	0
		巴基斯坦	Pakistan	740.7	340.6	740.7	0
		斯里兰卡	Sri Lanka	167.5	27.9	167.5	0

续表

区域		国家（地区）		水电装机容量/万千瓦	发电量/亿千瓦时	常规水电装机容量/万千瓦	抽水蓄能装机容量/万千瓦
		中文名称	英文名称				
亚洲	中亚	哈萨克斯坦	Kazakhstan	273.0	112.0	273.0	0
		吉尔吉斯斯坦	Kyrgyzstan	307.2	134.6	307.2	0
		塔吉克斯坦	Tajikistan	532.5	163.7	532.5	0
		土库曼斯坦	Turkmenistan	0	0	0	0
		乌兹别克斯坦	Uzbekistan	179.4	119.8	179.4	0
	西亚	亚美尼亚	Armenia	131.3	23.0	131.3	0
		阿塞拜疆	Azerbaijan	111.9	18.7	111.9	0
		格鲁吉亚	Georgia	323.0	92.1	323.0	0
		伊拉克	Iraq	251.4	45.8	227.4	24.0
		以色列	Israel	0.7	0.3	0.7	0
		约旦	Jordan	1.2	0.6	1.2	0
		黎巴嫩	Lebanon	28.2	5.8	28.2	0
		叙利亚	Syrian Arab Republic	157.1	30.3	157.1	0
		土耳其	Turkey	2727.3	591.9	2727.3	0
美洲	北美	加拿大	Canada	8147.9	4033.5	8130.6	17.4
		格陵兰	Greenland	0	4.0	0	0
		美国	United States of America	10286.7	3000.5	8005.9	2280.9
	拉丁美洲和加勒比	阿根廷	Argentina	1160.2	412.8	1062.8	97.4
		伯利兹	Belize	5.4	2.4	5.4	0
		玻利维亚	Bolivia	61.5	26.6	61.5	0
		巴西	Brazil	10031.9	4010.6	10031.9	0
		智利	Chile	673.3	216.7	673.3	0
		哥伦比亚	Colombia	1172.6	549.2	1172.6	0
		哥斯达黎加	Costa Rica	232.8	87.4	232.8	0
		古巴	Cuba	6.6	1.0	6.6	0
		多米尼克	Dominica	0.7	0.3	0.7	0
		多米尼加	Dominican Republic	61.3	13.3	61.3	0
		厄瓜多尔	Ecuador	449.8	200.9	449.8	0
		萨尔瓦多	El Salvador	57.5	17.4	57.5	0
		法属圭亚那	French Guiana	11.9	7.3	11.9	0
		瓜德罗普	Guadeloupe	1.1	0.2	1.1	0
		危地马拉	Guatemala	143.8	50.6	143.8	0

续表

| 区域 | 国家（地区） | | 水电装机容量/万千瓦 | 发电量/亿千瓦时 | 常规水电装机容量/万千瓦 | 抽水蓄能装机容量/万千瓦 |
	中文名称	英文名称				
美洲	拉丁美洲和加勒比	圭亚那	Guyana	0	0	0	0
		海地	Haiti	0	1.5	0	0
		洪都拉斯	Honduras	67.6	25.9	67.6	0
		牙买加	Jamaica	3.0	1.2	3.0	0
		墨西哥	Mexico	1267.0	298.3	1267.0	0
		尼加拉瓜	Nicaragua	14.2	4.3	14.2	0
		巴拿马	Panama	164.7	65.2	164.7	0
		巴拉圭	Paraguay	881.0	592.9	881.0	0
		秘鲁	Peru	524.5	334.0	524.5	0
		波多黎各	Puerto Rico	9.9	0.4	9.9	0
		圣文森特和格林纳丁斯	Saint Vincent and the Grenadines	0.6	0.3	0.6	0
		苏里南	Suriname	18.0	12.2	18.0	0
		乌拉圭	Uruguay	153.8	72.8	153.8	0
		委内瑞拉	Venezuela	1513.7	720.9	1513.7	0
欧洲		阿尔巴尼亚	Albania	201.7	45.3	201.7	0
		安道尔	Andorra	0	1.2	0	0
		奥地利	Austria	1412.5	380.5	1412.5	0
		白俄罗斯	Belarus	9.7	3.0	9.7	0
		比利时	Belgium	142.5	1.2	11.5	131.0
		波黑	Bosnia and Herzegovina	216.6	34.0	174.6	42.0
		保加利亚	Bulgaria	322.4	30.3	236.0	86.4
		克罗地亚	Croatia	220.5	54.3	220.5	0
		捷克	Czechia	226.2	30.1	156.5	69.7
		丹麦	Denmark	0.9	0.2	0.9	0
		爱沙尼亚	Estonia	0.6	0.3	0.6	0
		法罗群岛	Faroe Islands	3.8	1.1	3.8	0
		芬兰	Finland	328.5	146.3	328.5	0
		法国	France	2552.0	532.4	2379.2	172.8
		德国	Germany	1130.7	226.8	576.7	554.0
		希腊	Greece	339.4	40.4	339.4	0

续表

区域	国家（地区）		水电装机容量/万千瓦	发电量/亿千瓦时	常规水电装机容量/万千瓦	抽水蓄能装机容量/万千瓦
	中文名称	英文名称				
欧洲	匈牙利	Hungary	5.7	2.3	5.7	0
	冰岛	Iceland	198.7	138.2	198.7	0
	爱尔兰	Ireland	52.9	8.9	23.7	29.2
	意大利	Italy	2239.3	375.3	1841.1	398.2
	拉脱维亚	Latvia	156.5	43.5	156.5	0
	立陶宛	Lithuania	87.7	11.7	11.7	76.0
	卢森堡	Luxembourg	133.0	14.0	3.4	129.6
	黑山	Montenegro	65.1	10.3	65.1	0
	荷兰	Netherlands	3.7	0.6	3.7	0
	挪威	Norway	3194.7	1430.0	3194.7	0
	波兰	Poland	238.2	26.4	96.9	141.3
	葡萄牙	Portugal	722.1	76.1	722.1	0
	摩尔多瓦	Moldova	6.4	3.7	6.4	0
	罗马尼亚	Romania	675.4	145.4	666.2	9.2
	俄罗斯	Russia	5163.8	1789.0	5012.2	151.6
	塞尔维亚	Serbia	303.0	95.3	241.6	61.4
	斯洛伐克	Slovakia	252.4	47.1	160.8	91.6
	斯洛文尼亚	Slovenia	133.8	40.8	115.8	18.0
	西班牙	Spain	2003.4	205.7	1670.5	332.9
	瑞典	Sweden	1649.3	638.6	1649.3	0
	瑞士	Switzerland	1508.8	366.7	1461.9	46.9
	马其顿	Macedonia	66.4	10.9	66.4	0
	英国	United Kingdom	461.1	51.7	216.7	244.4
	乌克兰	Ukraine	589.8	120.1	471.2	118.6
非洲	阿尔及利亚	Algeria	22.8	3.1	22.8	0
	安哥拉	Angola	273.6	63.5	273.6	0
	贝宁	Benin	0.1	1.3	0.1	0
	布基纳法索	Burkina Faso	3.2	1.0	3.2	0
	布隆迪	Burundi	4.7	1.0	4.7	0
	喀麦隆	Cameroon	73.2	46.0	73.2	0
	中非共和国	Central African Republic	1.9	1.5	1.9	0

续表

区域	国家（地区）		水电装机容量/万千瓦	发电量/亿千瓦时	常规水电装机容量/万千瓦	抽水蓄能装机容量/万千瓦
	中文名称	英文名称				
非洲	科摩罗	Comoros	0.1	0	0.1	0
	刚果共和国	Republic of Congo	21.4	10.6	21.4	0
	科特迪瓦	Côte d'Ivoire	87.9	26.2	87.9	0
	刚果民主共和国	Democratic Republic of the Congo	268.7	86.3	268.7	0
	埃及	Egypt	285.1	134.1	285.1	0
	赤道几内亚	Equatorial Guinea	12.6	1.2	12.6	0
	埃塞俄比亚	Ethiopia	381.4	83.7	381.4	0
	加蓬	Gabon	33.0	15.4	33.0	0
	加纳	Ghana	158.0	88.8	158.0	0
	几内亚	Guinea	36.8	13.6	36.8	0
	肯尼亚	Kenya	82.8	28.7	82.8	0
	莱索托	Lesotho	7.5	4.9	7.5	0
	利比里亚	Liberia	9.2	4.9	9.2	0
	马达加斯加	Madagascar	16.4	6.9	16.4	0
	马拉维	Malawi	35.1	18.4	35.1	0
	马里	Mali	18.4	9.0	18.4	0
	毛里塔尼亚	Mauritania	4.8	2.4	4.8	0
	毛里求斯	Mauritius	6.1	0.9	6.1	0
	摩洛哥	Morocco	177.0	36.9	130.6	46.4
	莫桑比克	Mozambique	220.4	137.0	220.4	0
	纳米比亚	Namibia	34.7	14.4	34.7	0
	尼日利亚	Nigeria	204.2	73.1	204.2	0
	留尼汪	Réunion	13.4	5.0	13.4	0
	卢旺达	Rwanda	9.9	3.7	9.9	0
	圣多美和普林西比	Sao Tome and Principe	0.2	0.1	0.2	0
	塞内加尔	Senegal	7.5	6.0	7.5	0
	塞拉利昂	Sierra Leone	6.0	1.5	6.0	0
	南非	South Africa	343.4	56.7	70.2	273.2
	苏丹	Sudan	192.8	67.4	192.8	0
	斯威士兰	Swaziland	6.2	2.6	6.2	0

续表

区域	国家（地区）		水电 装机容量 /万千瓦	发电量 /亿千瓦时	常规水电 装机容量 /万千瓦	抽水蓄能 装机容量 /万千瓦
	中文名称	英文名称				
非洲	多哥	Togo	6.7	1.9	6.7	0
	突尼斯	Tunisia	6.6	0.7	6.6	0
	乌干达	Uganda	71.4	33.3	71.4	0
	坦桑尼亚	Tanzania	57.7	22.6	57.7	0
	赞比亚	Zambia	238.8	136.5	238.8	0
	津巴布韦	Zimbabwe	78.1	57.7	78.1	0
大洋洲	澳大利亚	Australia	872.5	136.5	730.9	141.6
	斐济	Fiji	13.4	4.7	13.4	0
	法属波利尼西亚	French Polynesia	4.7	2.2	4.7	0
	密克罗尼西亚	Micronesia	0	0	0	0
	新喀里多尼亚	New Caledonia	7.8	3.2	7.8	0
	新西兰	New Zealand	534.0	249.7	534.0	0
	巴布亚新几内亚	Papua New Guinea	27.4	8.0	27.4	0
	萨摩亚	Samoa	1.3	0.3	1.3	0
	所罗门群岛	Solomon Islands	0	0	0	0
	瓦努阿图	Vanuatu	0.1	0	0.1	0

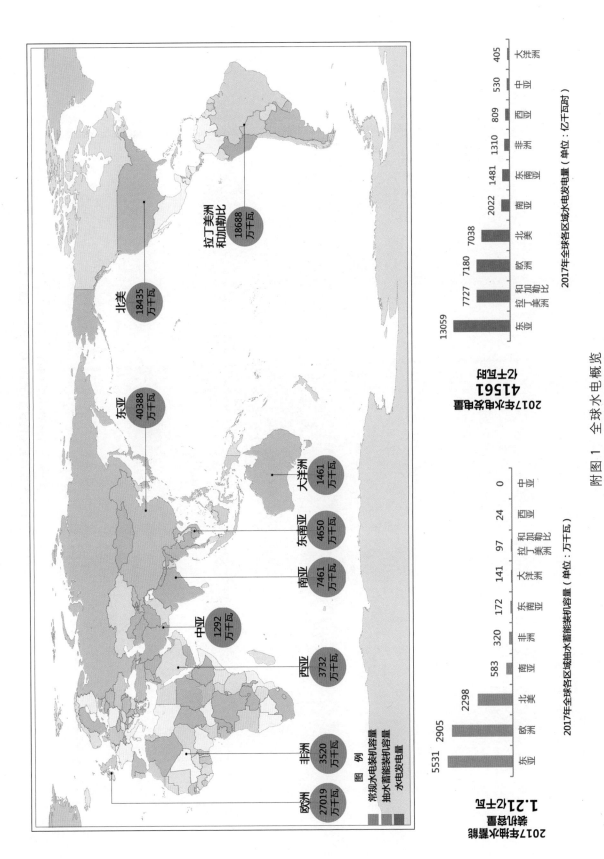

附图 1　全球水电概览

（注：图中数据为常规水电装机容量与抽水蓄能装机容量之和）

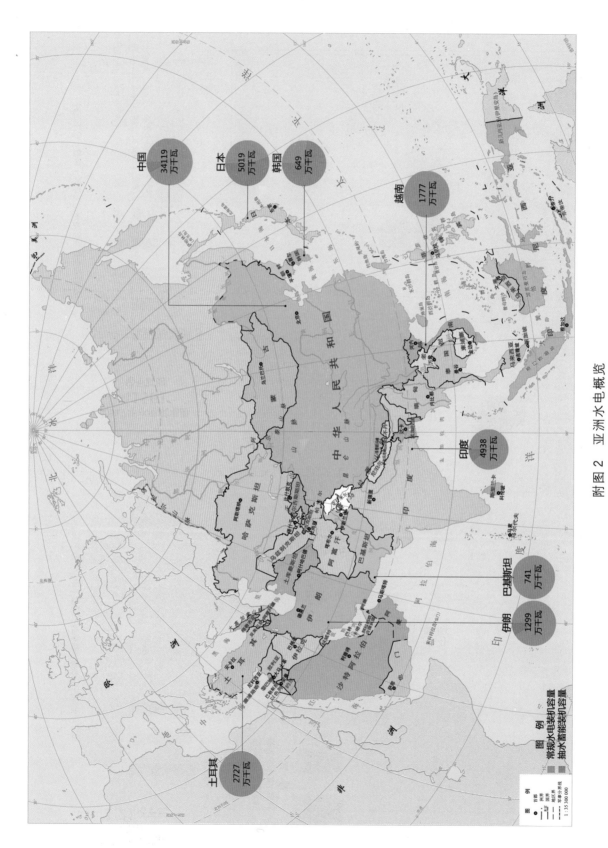

附图 2　亚洲水电概览

（注：图中数据为常规水电装机容量与抽水蓄能装机容量之和）

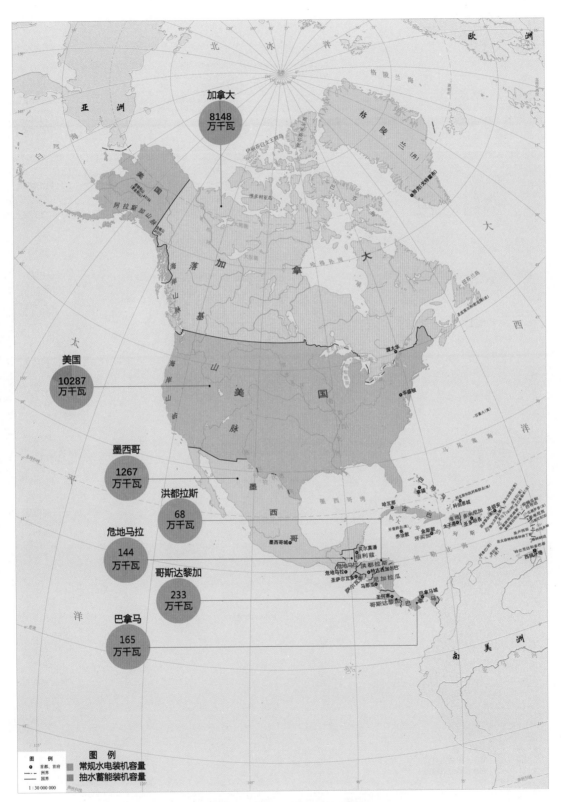

附图 3（一）　美洲水电概览

（注：图中数据为常规水电装机容量与抽水蓄能装机容量之和）

附图3（二）　美洲水电概览
（注：图中数据为常规水电装机容量与抽水蓄能装机容量之和）

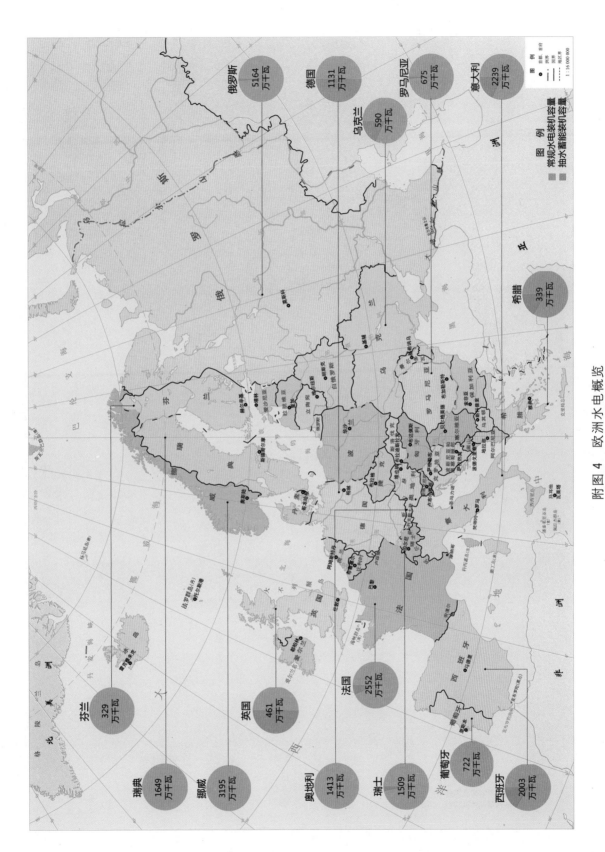

附图 4　欧洲水电概览

（注：图中数据为常规水电装机容量与抽水蓄能装机容量之和）

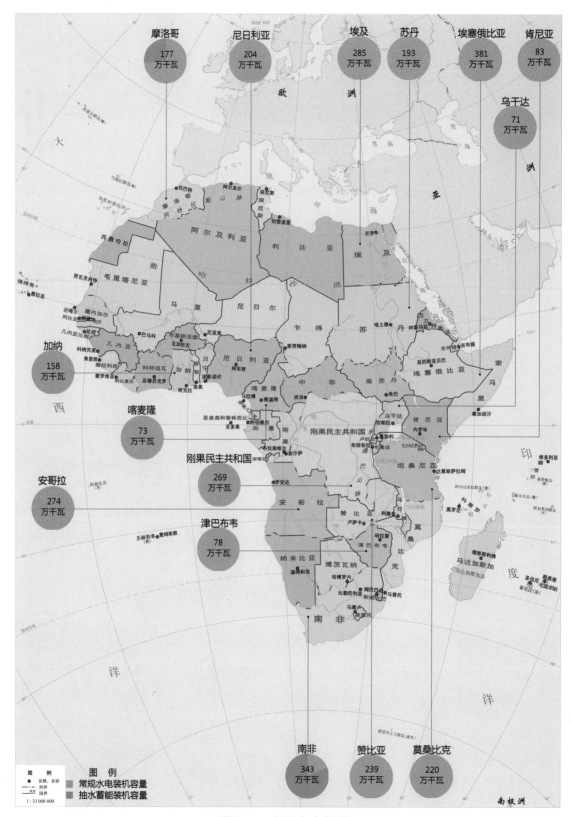

附图5 非洲水电概览

（注：图中数据为常规水电装机容量与抽水蓄能装机容量之和）

参 考 文 献

[1]   Frankfurt School – UNEP Centre/BNEF. Global trends in renewable energy investment 2018 [EB/OL]. http：//www. fs – unep – centre. org (Frankfurt am Main).

[2]   IHA. Hydropower Status Report 2018 [EB/OL]. [2018 – 06 – 01]. https：// www. hydropower. org/publications/2018 – hydropower – status – report.

[3]   IRENA：International Renewable Energy Agency. Abu Dhabi：Renewable Capacity Statistics 2018 [EB/OL]. http：//www. irena. org/publications/2018/ Mar/Renewable – Capacity – Statistics – 2018.

[4]   IRENA：International Renewable Energy Agency. Abu Dhabi：Renewable Energy Statistics 2018 [EB/OL]. http：//www. irena. org/publications/2018/Jul/ Renewable – Energy – Statistics – 2018.

[5]   IRENA：International Renewable Energy Agency. Abu Dhabi：Renewable Power Generation Costs in 2017 [EB/OL]. http：//www. irena. org/publications/ 2018/jan/renewable – power – generation – costs – in – 2017.

[6]   Office of Energy Efficiency & Renewable Energy. Hydropower Market Report in 2017 [EB/OL]. https：//www. energy. gov/eere/water/hydropower – market – report.

[7]   IRENA：International Renewable Energy Agency. Abu Dhabi：Renewable Energy and Jobs Annual Review 2018 [EB/OL]. http：//www. irena. org/publications/ 2018/May/Renewable – Energy – and – Jobs – Annual – Review – 2018.

[8]   Ministry of Petroleum and Energy. Electricity production [EB/OL]. https：//en-ergifaktanorge. no/en/norsk – energiforsyning/kraftproduksjon/#hydropower.

[9]   国家水电可持续发展中心. 全球水电行业年度发展报告 2017 [M]. 北京：中国水利水电出版社，2018.

[10]   国家能源局.2017 年全国电力工业统计数据 [EB/OL]. [2018 – 06 – 01] . http://www. nea. gov. cn/2018 – 01/22/c _ 136914154. htm.

[11]   电力规划设计总院. 中国电力发展报告 2017 [M]. 北京：中国电力出版社，2018.

[12]   国家能源局. 水电发展"十三五"规划 [EB/OL]. [2016 – 11 – 29]. http：// www. nea. gov. cn/2016 – 11/29/c _ 135867663. htm.

[13]   中国电力企业联合会. 中国电力行业年度发展报告 2018 [M]. 北京：中国市场出版社，2018.

[14]   国家能源局，中国电力企业联合会.2017 年全国电力可靠性年度报告 [EB/OL]. http：//zfxxgk. nea. gov. cn/auto79/201806/t20180606 _ 3191. htm.

［15］ USACE. "Technical Analysis of Pumped Storage and Integration with Wind Power in the Pacific Northwest," prepared by MWH for the U. S. Army Corps of Engineers, Northwest Division, Hydroelectric Design Center, Aug ［EB/OL］. http://www. hydro. org/wp － content/uploads/2011/07/PS － Wind － Integration － Final － Report － without － Exhibits － MWH － 3. pdf.

［16］ Electric Power Research Institute (EPRI) . Quantifying the Value of Hydropower in the Electric Grid ［EB/OL］. https://www1. eere. energy. gov/wind/pdfs/epri ＿ value ＿ hydropower ＿ electric ＿ grid. pdf.

［17］ National Energy Board (NEB) . Canada's energy future 2017 ［EB/OL］. http: // www. neb － one. gc. ca/nrg/ntgrtd/ftr/2017/pblctn － eng. html.

［18］ METI. Japan's Energy Plan in 2015 ［EB/OL］. http: //www. meti. go. jp/ english/publications/pdf/EnergyPlan ＿ 160614. pdf.

［19］ Ministère de l'Environnement, de l'Énergie et de la Mer. Panorama énergies － climat 2016 ［EB/OL］. https: //www. ecologique － solidaire. gouv. fr/sites/ default/files/dgec ＿ panorama ＿ energie ＿ climat ＿ 16. pdf.

［20］ World Energy Council. World Energy Resources Hydropower in 2016 ［EB/OL］. https: //www. worldenergy. org/publications/2016/world － energy － resources － 2016/.